高等教育 装配式建筑系列教材

装配式建筑

（第4版）

ZHUANG PEI SHI JIAN ZHU

主　编　孙俊霞　张勇一

副主编　王颖佳　王丽梅

参　编　王雪琴　叶昌建　刘成明　黄成忠　刘　颖

主　审　范幸义

U0190776

重庆大学出版社

内容提要

建筑工业化(装配式建筑)是建筑行业转型升级的一个重要发展方向。为了加强建筑相关专业的学生对装配式建筑的认识,适应行业发展的需要,本书根据装配式建筑的基本概念来全面介绍装配式建筑,内容包括:装配式建筑的发展史、装配式建筑设计、装配式建筑生产与运输、装配式建筑的施工与施工组织管理、装配式建筑监理与施工质量检测、装配式建筑设备、装配式建筑的装饰设计与施工技术、装配式建筑工程成本控制、装配式建筑市场营销和装配式建筑物业管理。

本书内容涵盖建筑"四个现代化"的新技术和新方法,让读者对装配式建筑有一个全面、系统的认识,可作为应用型本科和高等职业教育建筑相关专业的教材使用,同时可以作为建筑行业培训教材及建筑从业人员的自学用书。

图书在版编目(CIP)数据

装配式建筑 / 孙俊霞,张勇一主编. -- 4 版. -- 重庆 : 重庆大学出版社,2024.7
高等教育装配式建筑系列教材
ISBN 978-7-5689-4494-6

Ⅰ. ①装… Ⅱ. ①孙… ②张… Ⅲ. ①装配式构件-高等职业教育-教材 Ⅳ. ①TU3

中国国家版本馆 CIP 数据核字(2024)第 093029 号

高等教育装配式建筑系列教材

装配式建筑
(第 4 版)

主 编 孙俊霞 张勇一
主 审 范幸义

责任编辑:林青山   版式设计:林青山
责任校对:邹 忌   责任印制:赵 晟

*

重庆大学出版社出版发行
出版人:陈晓阳
社址:重庆市沙坪坝区大学城西路 21 号
邮编:401331
电话:(023) 88617190 88617185(中小学)
传真:(023) 88617186 88617166
网址:http://www.cqup.com.cn
邮箱:fxk@ cqup.com.cn(营销中心)
全国新华书店经销
重庆市正前方彩色印刷有限公司印刷

*

开本:787mm×1092mm 1/16 印张:11.5 字数:296 千
2017 年 8 月第 1 版 2024 年 7 月第 4 版 2024 年 7 月第 7 次印刷
印数:13 011—16 000
ISBN 978-7-5689-4494-6 定价:49.00 元

前 言

Preface

在建筑行业转型、升级，建筑产业现代化发展的新形势下，本教材编写过程中扎实落实全面推进习近平新时代中国特色社会主义思想和党的二十大精神进教材工作要求，围绕实现建筑"四个现代化"：建筑信息化(BIM、VR技术)、建筑工业化(装配式建筑)、建筑智能化(测量机器人)、建筑网络化(基于互联网+手机App施工质量控制)，以适应土木建筑类相关专业结构调整和建筑产业现代化发展的需要。

装配式建筑是建筑产业现代化发展的必然途径。根据国务院《关于大力发展装配式建筑的指导意见》，住房和城乡建设部《建筑节能与绿色建筑发展"十三五"规划》等大力发展装配式建筑的文件精神，为加强建筑工程人员、教师及相关专业的学生建筑转型升级、产业化发展的新观念，必须要强化装配式建筑的概念性知识学习。本教材分装配式建筑的基本概念、建筑设计、构件设计、构件生产、装配式建筑的施工与施工组织管理、装配式建筑工程监理与施工质量检测、装配式建筑设备、装配式建筑的装饰设计与施工技术、装配式建筑的工程成本控制、装配式建筑的市场营销和装配式建筑运营管理这几部分来编写。

本教材结构围绕装配式建筑全产业链展开，以适应在建筑工业化转型发展背景下建筑类专业群的通识课教学需要和相关专业技术人员基础知识学习需要。通过每章节教学目标的设定，体现建筑类不同专业的基础性和选择性的知识特点；通过每章节教学导引的设计，培养学生课程认知方面的个性化和多样化的学习方式；通过每章节综合案例的分析，融合"岗、课、赛、证"的内容，培养学生课程实践方面的持续性和拓展性的职业能力。

本教材内容涵盖建筑工业化的新型技术和新的方法，融入了计算机云端信息、BIM、VR方式、智能化生产等相关专业技术，并配有视频、图片、图纸、工程案例等在线学习资源，给读者一份较为全面、系统的装配式建筑的知识介绍。本教材建议授课学时为32学时，可作为应用型本科院校和高等职业教育院校的教材使用，也可作为建筑各专业的工程技术人员自学和培训用书。

本教材的第2模块任务2.1至2.3、第4模块任务4.2由重庆建筑科技职业学院的孙俊霞编写；模块1由重庆建筑科技职业学院的张勇一编写；模块2任务2.5、模块4的4.1.3至4.1.5由重庆鹏威建筑工程有限公司的黄成忠编写；模块4的4.1.2由重庆君道渝成绿色建筑科技有限公司的刘成明编写；模块4的4.1.1由重庆机电职业技术大学的刘颖编写，模块3任务3.1、任务3.4由重庆建筑科技职业学院的王颖佳编写；模块2任务2.4由重庆建筑科技职业学院的王雪琴编写；模块3任务3.2由重庆建筑科技职业学院的王丽梅编写；模块3任务3.3由重庆建筑科技职业学院的叶昌建编写。全书由孙俊霞统稿，重庆大学范幸义审定。

本书编写过程中听取和采纳了中鸿基（北京）集成房屋科技有限公司、阳地钢（北京）装配式建筑设计研究院、重庆君道渝成绿色建筑科技有限公司、重庆拓达建设（集团）有限公司的专家及工程师们的意见，在此向他们表示衷心的感谢！

装配式建筑虽然在我国起源较早，但是兴起较晚，目前并不成熟，很多方面还在探索、完善的过程中。再加上作者的水平有限，书中的错误和疏漏在所难免，敬请读者谅解。

编　者

2024 年 1 月

目 录

Contents

模块 1　装配式建筑基础

学习目标

（一）知识目标

1.掌握装配式建筑的基本概念；

2.掌握装配式建筑相关专业术语；

3.掌握装配式建筑结构体系分类；

4.熟悉装配式建筑的发展起源和历程；

5.熟悉装配式建筑相关规范；

6.理解装配式建筑对我国建筑产业工业化转型的意义。

（二）能力目标

1.能够解释装配式建筑的基本构成；

2.能够对装配式建筑按照材料构成进行简单分类。

（三）素质目标

1.具备正确的学习态度、敢于担当；

2.增强学习能力，明白理论与实践相结合的重要性；

3.培养在建筑产业转型时需要的钻研精神、严谨的科学态度和实事求是的工作作风。

教学导引

中国南极长城站，是中国为对南极地区进行科学考察而设立的第一个常年性科学考察站（图 1.1）。长城站于 1985 年建成，结构类型为装配式钢结构，采用聚氨酯复合板、快凝混凝土等

图 1.1　中国南极科学考察站——长城站

新材料、新工艺和便于运输、施工的集成方法，由赛博思总设计师卞宗舒完成建筑、结构设计、施工组织设计。该站自建站以来经过4次扩建，有各种建筑25座，其中包括主体建筑7座（办公栋、宿舍栋、医务文体栋、气象栋、通信栋、科研栋）以及其他一些若干科学用房和后勤用房。夏季可容纳60人，冬季可供20人左右越冬考察。

思考：

（1）中国南极长城站为何选择装配式钢结构进行建设？

（2）你了解装配式建筑吗？

评析：

（1）300多平方米的长城站，像是两个红色的集装箱，其用料与造型都有考究。它的框架全部采用了低合金钢，这种材料在-60℃都不会变形。金属螺栓会向外散热、向内导冷，因此，固定钢结构的螺栓全部都由塑料制成。科考队将长城站的建筑像吊脚楼一样悬空在钢架上，这种结构可以加速风在通过建筑底部时的速度，将下面的积雪吹走，以避免长城站被雪埋没。

（2）建筑是人们日常生活及活动的空间，在平时随意可见的建筑工地上，建筑管理者和建筑工人们正忙着修建"房子"——建筑物。在传统的观念中，建筑是在工地上建造起来的。随着建筑业的转型升级和建筑产业现代化发展的需要，人们必须要转变对建筑生产的认识，建筑可以从工厂中生产（制造）出来。这就是集成化建筑——装配式建筑。目前，人们对装配式建筑的认知不深入、不全面，其中也包括不少的建筑行业的专业人员，下面先介绍装配式建筑的发展历史。

任务 1.1　装配式建筑发展史

装配式建筑
前世今生

1.1.1　装配式建筑的由来

装配式建筑在中国源远流长。追根溯源，中国传统建筑基本都是木结构建筑，从奴隶社会开始中国就有了木结构建筑，而木结构建筑就是装配式建筑的原始起源建筑。中国木结构建筑建造时分为构件制作场地（工厂）、建筑装配场地（工地）。所有建筑构件都在工厂制作，制作的构件有柱、枋（梁）、雀枋（短梁和装饰梁）、斗拱（纵向梁连接件）、格扇（门、窗、墙）、门槛（上门槛、中门槛、下门槛）、领子、檐和飞檐、栏杆、台基。当构件制作完成后，将构件运到施工现场进行装配。装配前先建好一个台基（施工现场），在台基上进行建筑的装配。台基的楼梯踏步步数很有讲究，其基本步数为9步。皇帝是"九五之尊"有45步，朝廷大臣是27步，一般官员是9步，民间庙宇也是9步。

中国木结构建筑不但是真实的装配式建筑，还在构件设计制作时采用了现代装配式建筑设计理念，集建筑、结构、装饰为一体的集成化设计。例如，一座庙宇的建造过程，先制作建筑构件，制作时融入集成化设计的概念（构件的用途、大小、颜色、花纹）。为了真实地重现木结构建筑建造过程，人们在计算机上把木结构建筑的各种构件做成仿真三维图（按具体尺寸）。制作的枋、雀枋、斗拱、格扇、栏杆等构件如图1.2所示。

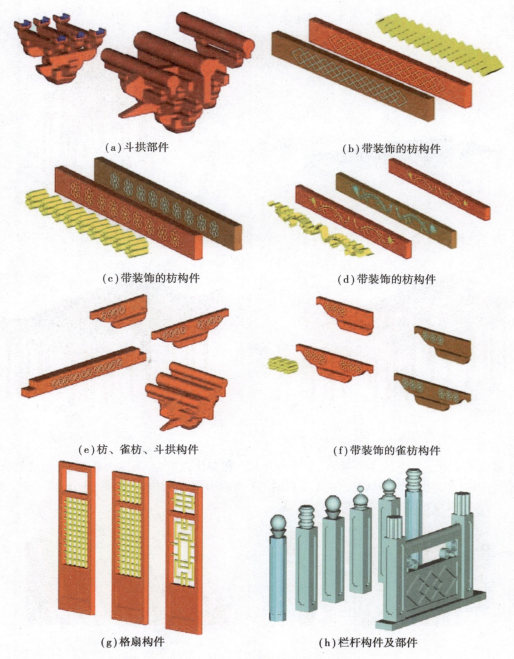

(a)斗拱部件　　　　　　　　　　(b)带装饰的枋构件

(c)带装饰的枋构件　　　　　　　　(d)带装饰的枋构件

(e)枋、雀枋、斗拱构件　　　　　　(f)带装饰的雀枋构件

(g)格扇构件　　　　　　　　　(h)栏杆构件及部件

图 1.2　中国木结构建筑的仿真构件

　　需要说明的是:斗拱部件也是由很多小的斗拱构件组成。格扇上部可以开窗,带装饰格的可以当墙,也可以当门;不带装饰格的可以作山墙。

　　建筑构件做好了,人们在计算机上把构件装配起来组成一个木结构建筑。先做一个台基,作为木结构建筑的地基,在地基上装配木结构建筑。先做一些石鼓作为柱子的基础,一柱一鼓(相当于柱下独立基础)。把柱、枋(梁)连接(采用榫卯连接——装配方法),做成梁架。梁架又分为三架梁、五架梁、七架梁。台基和梁架如图1.3、图1.4所示。

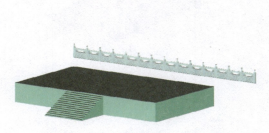

图1.3　台基

图1.4　木结构建筑梁架

为了装配纵向梁,先在柱顶装配斗拱,然后再装配纵向梁和形成屋面的檐子,如图1.5、图1.6所示。

图1.5　装配纵向梁

图1.6　装配檐子形成屋面

屋面的瓦由土窑烧制,分为阴瓦、阳瓦和脊瓦。瓦制作先成型,再涂上彩釉,烧制后就成了防水性能好、非常美观的琉璃瓦。图1.7和图1.8所示为屋面及琉璃瓦的局部放大图。

图1.7　屋面局部放大图

图1.8　屋面琉璃瓦局部放大图

屋面装配完成后,就可以装配隔扇,形成墙、门和窗,形成较为完整的木结构建筑,如图1.9、图1.10所示。

最后,在台基上装配好栏杆,一栋木结构建筑就装配完成了,如图1.11、图1.12所示。

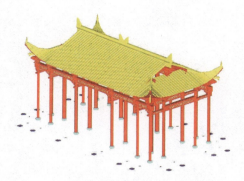
图 1.9　装配屋面

图 1.10　装配隔扇

图 1.11　木结构建筑加上台基

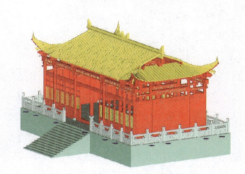
图 1.12　木结构建筑完整装配图

　　以上为计算机对中国木结构建筑的三维仿真,该过程展示了中国古代装配式建筑的制造过程。为了保证建筑的规范性,在清代,官方颁布了《清工部工程做法》,规定了传统建筑的开间、进深及木材的选用(结构设计),并规定了构件的尺寸选用法则,形成了当时的"建筑设计规范"。

1.1.2　国内外装配式建筑的发展概况

国内外装配式建筑发展历程和现状

　　中国早在 5 000 多年前的石器时代就出现木构架支承屋顶的半穴居建筑,这是早期的一种装配式建筑。

　　国外装配式建筑的起源可以追溯到古埃及的金字塔。古埃及的金字塔是由石料构成,即先将原生石料进行人工加工,制成金字塔的石料构件(长、宽、高尺寸不同的构件),然后在选定的地方(场地)进行装配,最后形成完整的金字塔建筑(图 1.13)。

图 1.13　古埃及金字塔建筑

　　1851 年,伦敦用铁骨架嵌玻璃建成的水晶宫是世界上第一座大型装配式建筑。第二次世界大战后,欧洲一些国家以及日本房荒严重,迫切要求解决住宅问题,这一需求促进了装配式建筑的发展。到 20 世纪 60 年代,装配式建筑得到了大量推广。

1)国外装配式建筑的发展概况

西方发达国家的装配式住宅经过几十年甚至上百年的时间,已经发展到了相对成熟、完善的阶段。日本、美国、澳大利亚、法国、瑞典、丹麦是最具典型性的国家。各国按照各自的经济、社会、工业化程度、自然条件等特点,选择了不同的道路和方式。

日本是率先在工厂中批量生产住宅的国家;美国注重住宅的舒适性、多样性、个性化;法国是世界上推行工业化建筑最早的国家之一;瑞典是世界上住宅装配化应用最广泛的国家之一,其 80% 的住宅采用以通用部件为基础的住宅通用体系;丹麦发展住宅通用体系化的方向是"产品目录设计",是世界上第一个将模数法制化的国家。这些国家的经验都为我国装配式住宅的发展提供了借鉴。

(1)日本装配式建筑的发展

日本于 1968 年就提出了装配式住宅的概念。1990 年推出采用部件化、工业化生产、高生产效率、住宅内部结构可变、适应居民多种不同需求的中高层住宅生产体系。在推进规模化和产业化结构调整进程中,住宅产业经历了从多样化、标准化、工业化到集约化、信息化的不断演变和完善过程。日本政府强有力地干预和支持对住宅产业的发展起到了重要作用:通过立法来确保预制混凝土结构的质量;坚持技术创新,制定了一系列住宅建设工业化的方针、政策,建立统一的模数标准,解决了标准化、大批量生产和住宅多样化之间的矛盾。日本装配式建筑如图1.14 所示。

(a)构件生产

(b)预制柱的吊装

(c)预制板的吊装

(d)装配式别墅建筑

图 1.14　日本装配式建筑

（2）美国装配式建筑的发展

美国的装配式住宅盛行于 20 世纪 70 年代的能源危机期间。1976 年，美国国会通过了国家工业化住宅建造及安全法案，同年出台一系列严格的行业规范标准。这些规范和标准一直沿用至今，并且与后来的美国建筑体系逐步融合。美国建筑管理局国际联合会（ICBO）副主席凯文·伍尔夫教授认为，美国已经形成成熟的装配住宅建筑市场，装配住宅构件以及部品的标准化、系列化以及商品化的程度将接近 100%。在美国，大城市住宅的结构类型以混凝土装配式和钢结构装配式为主，在小城镇多以轻钢结构、木结构住宅体系为主。住宅建筑构件的工厂化生产，降低了建设成本，提高了构件的通用性，增加了施工的可操作性。除了注重质量，现在的装配式住宅更加注重美观、舒适性及个性化。

总部位于美国的预制与预应力混凝土协会（PCI）编制的《PCI 设计手册》，其中就包括了装配式结构相关的部分。该手册不仅在美国，而且整个国际上也是具有非常广泛的影响力。从 1971 年的第 1 版开始，该手册目前已经编制到了第 7 版，该版手册与 IBC 2006、ACI 318-05、ASCE 7-05 等标准相协调。除了《PCI 设计手册》外，PCI 还编制了一系列的技术文件，包括设计方法、施工技术和施工质量控制等方面。美国的装配式建筑如图 1.15 所示。

（a）屋顶预制构件吊装　　　　　　　　　　　　（b）多层装配式建筑

图 1.15　美国装配式建筑

（3）德国装配式建筑的发展

德国的装配式住宅主要采取叠合板、混凝土、剪力墙结构体系，采用构件装配式与混凝土结构，耐久性较好。德国是世界上建筑能耗降低速度最快的国家之一，近几年更是提出发展被动式超低能耗建筑。从大幅度的节能到被动式建筑，德国都采取了装配式住宅来实施，装配式住宅与节能标准相互之间充分融合。德国装配式建筑如图 1.16 所示。

（a）　　　　　　　　　　　　　　　　　（b）

（c）   （d）

图 1.16　德国装配式建筑

（4）澳大利亚装配式建筑的发展

澳大利亚以冷弯薄壁轻钢结构建筑体系为主，发展于 20 世纪 60 年代，这种体系主要由博思格公司开发成功并制定相关企业标准。该体系以其环保和施工速度快、抗震性能好等显著优点被澳大利亚、美国、加拿大、日本等国广泛应用。以澳大利亚为例，其钢结构建筑建造量大约占全部新建住宅的 50%。澳大利亚装配式建筑如图 1.17 所示。

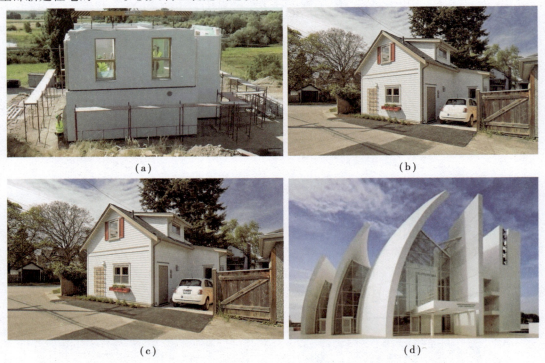

（a）   （b）

（c）   （d）

图 1.17　澳大利亚装配式建筑

2）国内装配式建筑的发展

我国装配式建筑的发展可以追溯到 20 世纪 50 年代。当时，我国的建筑业正处于起步阶段，为了满足国家的建设需求，一些科研机构开始研究装配式建筑技术。1959 年，我国便建立了第一座现代意义上的装配式建筑——北京民族饭店（图 1.18），其首次采用了预制装配式框架。

　　据资料显示,北京民族饭店用时十个月完成,边设计边施工,施工与设计密切协作,采用装配式框架结构。为了简化构造及利于抗震要求,基础、地下室、一层及部分二层采用现浇钢筋混凝土结构。标准层(3 至 10 层)采用了装配式建筑结构。装配化程度达到了 60.47%。所有装配的构件都是在预制厂制作完成。节点连接采用全干式节点,装配式框架结构外柱 2 层一根,整间密肋大楼板,接头焊接,在预制柱与梁的接口部位预埋了型钢作为结构传力构造节点。可以看出在当时"钢和混凝土组合结构"干法连接的技术已经很先进了。

图 1.18　北京民族饭店

　　20 世纪 60 至 70 年代我国出现了一大批预制构件厂。70 至 80 年代,装配式混凝土建筑进入快速发展时期。我国从国外引进了先进的生产工艺流水线。这时期主要的结构形式为大板建筑和框架结构建筑。

　　20 世纪 90 年代,装配式建筑在构件预制、安装施工、连接节点和整体模型计算上都存在许多局限和不足,无法跟上社会需求及建筑变化,装配式混凝土建筑基本被现浇结构所取代。21世纪以来,装配式建筑重新崛起,国内企业在吸收国外先进装配式结构技术的基础上形成了各具特色的建筑体系。

　　2016 年国务院发布的《关于进一步加强城市规划建设管理工作的若干意见》提出:要大力推广装配式建筑,减少建筑垃圾和扬尘污染,缩短建造工期,提升工程质量;制定装配式建筑设计、施工和验收规范;完善部品部件标准,实现建筑部品部件工厂化生产;鼓励建筑企业装配式施工,现场装配;建设国家级装配式建筑生产基地;提出建筑八字方针:适用、经济、绿色、美观;力争用 10 年左右时间,使装配式建筑占新建建筑的比例达到 30%。

　　现如今,装配式建筑在国家政策的推行下,已经有一大批优秀企业攻克了许多技术难关,相应标准和规范也在逐渐完善。全国也在积极推进示范城区建设。从雷神山和火神山医院的建设上可以看出,装配式建筑也发挥了重要作用。

　　建筑工业化的发展除了科技创新,还需要管理流程的创新,包括设计流程、建造流程和政府监督流程等。国内装配式建筑经过几年的发展,一些企业已经取得了一定的成绩。部分介绍如下:

　　(1)上海城建集团

　　上海城建集团于 2011 年成立了预制装配式建筑研发中心。城建集团以高预制率的"框剪结构"及"剪力墙结构"为主,拥有"预制装配住宅设计与建造技术体系""全生命周期虚拟仿真建造与信息化管理体系"和"预制装配式住宅检测及质量安全控制体系"三大核心技术体系。城建集团建立国内首个"装配式建筑标准化部件库"。城建集团实行 BIM 信息化集成管理,已实现了利用 RFID 芯片,以 PC 构件为主线的预制装配式建筑 BIM 应用构架的建设工作,并在构件生产制造环节进行了全面的应用实施。目前,企业已制定的标准有《上海城建 PC 工程技术体系手册》(设计篇、构件制造篇、施工篇)、上海市《装配整体式混凝土住宅体系施工、质量验收规程》、上海市《预制装配式保障房标准户型》。

(2)中南建设集团

中南建设集团成立了国家级"可装配式关键部品产业化技术研究与示范"生产基地,NPC 技术(全预制装配楼宇技术)是一种新型混凝土结构预制装配技术。该技术用于解决装配式混凝土结构上下层竖向预制构件之间的钢筋连接。《装配式混凝土结构技术规程》(JGJ 1—2014)将之定义为装配式混凝土结构钢筋浆锚连接技术。在已完工程中经专家鉴定测算,整体预制装配率达到 90% 以上,每平方米木模板使用量减少 87%,耗水量减少 63%,垃圾产生量减少 91% 并避免了传统施工产生的噪声,技术达到国内领先水平。

(3)远大住宅工业有限公司

远大住宅工业有限公司是国内第一家以"住宅工业"行业类别核准成立的新型住宅制造企业,是我国综合性的"住宅整体解决方案"制造商。远大住工 PC(预制混凝土构件)的全生命周期绿色建筑,与传统建筑相比,具有节水、节能、节时、节材、节地、环保的"五节一环保"特点。2012 年推出第五代集成住宅(BH5),先进的第五代集成建筑体系,运用当今世界最前沿的 PC(预制混凝土构件)、应用开放的 BIM 技术平台,建立健全并丰富和发展了工业化研发体系、设计体系、制造体系、施工体系、材料体系与产品体系,具有质量可控、成本可控、进度可控等多项技术优势。

国内装配式建筑如图 1.19 所示。

(a)集装箱结构装配式建筑　　　　　(b)剪力墙结构装配式建筑

(c)框架结构装配式建筑

（d）型钢结构装配式建筑

（e）轻钢结构装配式建筑

（f）木结构装配式建筑

图 1.19   国内装配式建筑

装配式建筑
未来发展

11

任务 1.2 装配式建筑基本知识

1.2.1 装配式建筑的概念

装配式建筑是指建筑经过设计(建筑、结构、给排水、电气、设备、装饰)后,由工厂对建筑构件进行工业化生产,生产后的建筑构件运到指定地点(工地)进行装配,组装完成整个建筑(图 1.20)。

建筑集成化设计
(建筑、结构、给排水、电气、设备、装饰)

↓

建筑构件集成化生产
(柱、梁、板、墙、楼梯)
(生产过程集成装饰、强电、弱电、给排水、计算机网络)

↓

工地进行构件组装
(装配完成整个建筑)

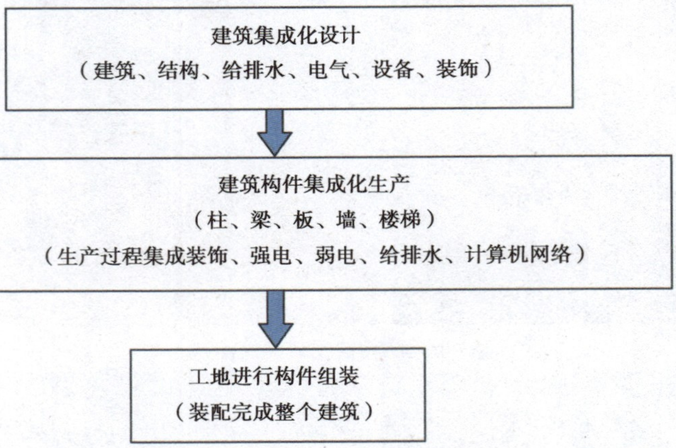

图 1.20 装配式建筑概念图

装配式建筑总的可以分为两部分:一部分是构件生产;另一部分是构件组装。因此,建筑行业的转型就是建筑构件向工业化方式转型,施工方式向集成化方式转型。装配式建筑的构件生产和现场组装如图 1.21 所示。

(a)构件生产图   (b)构件集成化生产图

(c)构件现场安装图   (d)钢构件组装图

图 1.21 建筑构件生产和安装

　　与传统建筑业生产方式相比,装配式建筑的工业化生产在设计、施工、装修、验收、工程项目管理等各个方面都具有明显的优势(表1.1)。

表 1.1　建筑业传统生产方式和工业化生产方式的对比

阶　段	传统生产方式	工业化生产
设计阶段	不注重一体化设计	标准化、一体化设计
	设计与施工相脱节	信息化技术协同设计
	—	设计与施工紧密结合
施工阶段	现场湿作业、手工操作	设计施工一体化、构件生产工厂化
	工人综合素质、工业化程度低	现场施工装配化、施工队伍专业化
装修阶段	以毛坯房为主	装修与建筑设计同步
	采用二次装修	装修与主体结构一体化
验收阶段	竣工分部、分项抽检	全过程质量检验、验收
管理阶段	以包代管、专业化程度低	工程总承包管理模式
	依赖农民工劳务市场分包	全过程的信息化管理
	要求设计与施工各自效益最大化	项目整体效益最大化

建筑产业化基本内涵和应用优势

工程总承包EPC模式

1.2.2　装配式建筑相关专业术语

【装配式建筑】prefabricated building

结构系统、外围护系统、设备与管线系统的主要部分采用预制部品部件集成的建筑。

【装配式混凝土建筑】prefabricated concrete building

主体结构由混凝土构件构成的装配式建筑。

【装配式钢结构建筑】prefabricated steel structure building

主体结构由钢构件构成的装配式建筑。

【装配式木结构建筑】prefabricated timber building

主体结构由木构件构成的装配式建筑。

【装配率】prefabrication ratio

装配式建筑中,±0.00 标高以上预制构件、部品部件数量占同类构件、部品部件数量的比例。其中,预制构件、部品部件数量比例适用于体积比、面积比、长度比和个数比。

【建筑系统集成】integration of building systems

以装配化建造方式为基础,统筹策划、设计、生产和施工等,实现建筑结构系统、外围护系统、设备与管线系统、内装系统一体化的过程。

【集成设计】integrated design

建筑结构系统、外围护系统、设备与管线系统、内装系统一体化的设计。

【协同设计】collaborative design

装配式混凝土建筑（PC）

装配式钢结构建筑（PS）

木结构

装配式建筑设计中通过建筑、结构、设备、装修等专业相互配合，并运用信息化技术手段满足建筑设计、生产运输、施工安装等要求的一体化设计。

【结构系统】structure system

由结构构件通过可靠的连接方式装配而成，以承受或传递荷载作用的整体。

【外围护系统】envelope system

由建筑外墙、屋面、外门窗及其他部品部件等组合而成，用于分隔建筑室内外环境的部品部件的整体。

【设备与管线系统】facility and pipeline system

由给水排水、供暖通风空调、电气和智能化、燃气等设备与管线组合而成，满足建筑使用功能的整体。

【内装系统】interior decoration system

由楼地面、墙面、轻质隔墙、吊顶、内门窗、厨房和卫生间等组合而成，满足建筑空间使用要求的整体。

【部件】component

部品部件

在工厂或现场预先生产制作完成，构成建筑结构系统的结构构件及其他构件的统称。

【部品】part

由工厂生产，构成外围护系统、设备与管线系统、内装系统的建筑单一产品或复合产品组装而成的功能单元的统称。

【全装修】decorated

所有功能空间的固定面装修和设备设施全部安装完成，达到建筑使用功能和建筑性能的状态。

【装配式装修】assembled decoration

采用干式工法，将工厂生产的内装部品在现场进行组合安装的装修方式。

【干式工法】non-wet construction

采用干作业施工的建造方法。

【模块】module

建筑中相对独立，具有特定功能，能够通用互换的单元。

【标准化接口】standardized interface

具有统一的尺寸规格与参数，并满足公差配合及模数协调的接口。

【集成式厨房】integrated kitchen

由工厂生产的楼地面、吊顶、墙面、橱柜和厨房设备及管线等集成并主要采用干式工法装配而成的厨房。

【集成式卫生间】integrated bathroom

由工厂生产的楼地面、墙面（板）、吊顶和洁具设备及管线等集成并主要采用干式工法装配而成的卫生间。

【预制混凝土构件】precast concrete component

在工厂或现场预先生产制作的混凝土构件，简称预制构件。

【装配式混凝土结构】precast concrete structure

由预制混凝土构件通过可靠的连接方式装配而成的混凝土结构。

【装配整体式混凝土结构】monolithic precast concrete structure

由预制混凝土构件通过可靠的连接方式进行连接并与现场后浇混凝土、水泥基灌浆料形成整体的装配式混凝土结构,简称装配整体式结构。

套筒灌浆施工

【预制外挂墙板】precast concrete facade panel

安装在主体结构上,起围护、装饰作用的非承重预制混凝土外墙板,简称外挂墙板。

【钢筋套筒灌浆连接】grout sleeve splicing of rebars

在金属套筒中插入单根带肋钢筋并注入灌浆料拌合物,通过拌合物硬化形成整体并实现传力的钢筋对接连接方式。

1.2.3   装配式建筑相关规范

《装配式建筑评价标准》(GB/T 51129—2017)

《装配式住宅建筑设计标准》(JGJ/T 398—2017)

《装配式钢结构住宅建筑技术标准》(JGJ/T 469—2019)

《装配式木结构建筑技术标准》(GB/T 51233—2016)

《建筑信息模型施工应用标准》(GB/T 51235—2017)

《混凝土结构设计规范》(GB 50010—2010,2015 年版)

《混凝土结构工程施工规范》(GB 50666—2011)

《建筑结构检测技术标准》(GB/T 50344—2019)

《预制预应力混凝土装配整体式框架结构技术规程》(JGJ 224—2010)

《预制带肋底板混凝土叠合楼板技术规程》(JGJ/T 258—2011)

《预制混凝土外挂墙板应用技术标准》(JGJ/T 458—2018)

《装配式建筑 预制混凝土楼板》(JC/T 2505—2019)

《装配式建筑 预制混凝土夹心保温墙板》(JC/T 2504—2019)

《预制混凝土楼梯》(JG/T 562—2018)

《装配式混凝土建筑工程施工质量验收规程》(T/CCIAT 0008—2019)

《装配式混凝土结构工程预制构件生产质量验收规程》(T/GZBC 10—2019)

任务 1.3   装配式建筑的分类

建筑是人们对一个特定空间的需求,按照用途不同分为住宅、商业、机关、学校、工厂厂房等;按照建筑高度可分为低层、多层、中高层、高层和超高层。装配式建筑按照建造过程,先由工厂生产所需要的建筑构件,再进行组装完成整个建筑。它一般按建筑的结构体系和构件的材料来分类。

1.3.1   按建筑结构体系分类

1)砌块建筑

砌块建筑是用预制的块状材料砌成墙体的装配式建筑,适于建造 3～5 层建筑,如提高砌块强度或配置钢筋,还可适当增加层数。砌块建筑适应性强,生产工艺简单,施工简便,造价较低,还可利用地方材料和工业废料。建筑砌块有小型、中型、大型之分:小型砌块适于人工搬运和砌筑,工业化程度较低,灵活方便,使用较广;中型砌块可用小型机械吊装,可节省砌筑劳动力;大型砌块现已被预制大型板材所代替。

砌块有实心和空心两类,实心的较多采用轻质材料制成。砌块的接缝是保证砌体强度的重要环节,一般采用水泥砂浆砌筑,小型砌块还可用套接而不用砂浆的干砌法,可减少施工中的湿作业。有的砌块表面经过处理,可作清水墙。

2)板材建筑

板材建筑由工厂预制生产的大型内外墙板、楼板和屋面板等板材装配而成,又称大板建筑。它是工业化体系建筑中全装配式建筑的主要类型。板材建筑可以减轻结构重量,扩大建筑的使用面积,提高劳动生产率和防震能力。板材建筑的内墙板多为钢筋混凝土的实心板或空心板;外墙板多为带有保温层的钢筋混凝土复合板,也可用轻骨料混凝土、泡沫混凝土或大孔混凝土等制成带有外饰面的墙板。建筑内的设备常采用集中的室内管道配件或盒式卫生间等,以提高装配化的程度。大板建筑的关键问题是节点设计。在结构上应保证构件连接的整体性(板材之间的连接方法主要有焊接、螺栓连接和后浇混凝土整体连接)。在防水构造上要妥善解决外墙板接缝的防水,以及楼缝、角部的热工处理等问题。大板建筑的主要缺点是对建筑物造型和布局有较大的制约性;小开间横向承重的大板建筑内部分隔缺少灵活性(纵墙式、内柱式和大跨度楼板式的内部可灵活分隔)。

3)盒式建筑

盒式建筑也称集装箱式建筑,是从板材建筑的基础上发展起来的一种装配式建筑。这种建筑工厂化的程度很高,现场安装快。通常情况下,在工厂中不但可以完成盒子的结构部分,而且内部装修和设备也都可以安装好,甚至可以连家具、地毯等一概安装齐全。盒子吊装完成、接好管线后即可使用。盒式建筑的装配形式如下。

①全盒式,完全由承重盒子重叠组成建筑。

②板材盒式,将小开间的厨房、卫生间或楼梯间等做成承重盒子,再与墙板和楼板等组成建筑。

③核心体盒式,以承重的卫生间盒子作为核心体,四周再用楼板、墙板或骨架组成建筑。

④骨架盒式,用轻质材料制成的许多住宅单元或单间式盒子,支承在承重骨架上形成建筑。也有用轻质材料制成包括设备和管道的卫生间盒子,安置在其他结构形式的建筑内。

盒式建筑工业化程度较高,但投资大、运输不便,且需用重型吊装设备,因此发展受到限制。

4)骨架板材建筑

骨架板材建筑由预制的骨架和板材组成,其承重结构一般有两种形式:一种是由柱、梁组成承重框架,再搁置楼板和非承重的内外墙板的框架结构体系;另一种是由柱子和楼板组成承重的板柱结构体系,内外墙板是非承重的。承重骨架一般多为重型的钢筋混凝土结构,也有采用钢和木做成骨架,与板材组合,常用于轻型装配式建筑中。骨架板材建筑结构合理,可以减轻建筑物的自重,内部分隔灵活,适用于多层和高层建筑。

钢筋混凝土框架结构体系的骨架板材建筑有全装配式、预制和现浇相结合的装配整体式两种。保证这类建筑的结构具有足够的刚度和整体性的关键是构件连接。柱与基础、柱与梁、梁

与梁、梁与板等的节点连接,应根据结构的需要和施工条件,通过计算进行设计和选择。节点连接的方法,常见的有榫接法、焊接法、牛腿搁置法和留筋现浇成整体的叠合法等。

板柱结构体系的骨架板材建筑是方形或接近方形的预制楼板同预制柱子组合的结构系统。楼板多数为四角支在柱子上;也有在楼板接缝处留槽,从柱子预留孔中穿钢筋,张拉后灌注混凝土。

5)升板和升层建筑

升板和升层建筑的结构体系是由板与柱联合承重。这种建筑是在底层混凝土地面上重复浇筑各层楼板和屋面板,竖立预制钢筋混凝土柱子,以柱为导杆,用放在柱子上的油压千斤顶把楼板和屋面板提升到设计高度,加以固定。外墙可用砖墙、砌块墙、预制外墙板、轻质组合墙板或幕墙等;也可以在提升楼板时提升滑动模板、浇筑外墙。升板建筑施工时大量操作在地面进行,减少高空作业和垂直运输,节约模板和脚手架,并可减小施工现场面积。升板建筑多采用无梁楼板或双向密肋楼板,楼板同柱子连接节点常采用后浇柱帽或采用承重销、剪力块等无柱帽节点。升板建筑一般柱距较大,楼板承载力也较强,多用作商场、仓库、工厂和多层车库等。

升层建筑是在升板建筑每层的楼板还在地面时先安装好内外预制墙体,一起提升的建筑。升层建筑可以加快施工速度,比较适用于场地受限制的地方。

1.3.2　按构件材料分类

装配式建筑材料

由于建筑构件的材料不同,集成化生产的工厂及工厂的生产线因为建筑材料的不同而生产方式也不同,由不同材料的构件组装的建筑也不同。因此,可以按建筑构件的材料来对装配式建筑进行分类。由于建筑结构对材料的要求较高,按建筑构件的材料来对装配式建筑进行分类也就是按结构分类。

1)预制装配式混凝土结构

预制装配式混凝土结构也称 PC 结构,PC 结构是钢筋混凝土结构构件的总称,通常将混凝土预制构件统称为 PC 构件。其按结构承重方式又分为剪力墙结构和框架结构。

(1)剪力墙结构

PC 结构的剪力墙结构实际上是板构件,作为承重结构是剪力墙墙板,作为受弯构件就是楼板。现在装配式建筑的构件生产厂的生产线多数是板构件生产。装配时施工以吊装为主,吊装后再处理构件之间的连接构造问题。

(2)框架结构

PC 结构的框架结构是将柱、梁、板构件分开生产,当然用更换模具的方式可以在一条生产线上进行。生产的构件是单独的柱、梁和板构件。施工时进行构件的吊装施工,吊装后再处理构件之间的连接构造问题。框架结构有关墙体的问题,可以由另外的生产线生产框架结构的专用墙板(可以是轻质、保温、环保的绿色板材),框架吊装完成后再组装墙板。

2)预制集装箱式结构

集装箱式结构的材料主要是混凝土,一般是按建筑的需求,用混凝土做成建筑的部件(按房间类型,如客厅、卧室、卫生间、厨房、书房、阳台等)。一个部件就是一个房间,相当于一个集成的箱体(类似集装箱),组装时进行吊装组合即可。当然,材料不仅限于混凝土,例如日本早期装配式建筑集装箱结构用的是高强度塑料。这种高强度塑料可以做枪刺(刺刀),但缺点是防火性能差。

3）预制装配式钢结构

装配式钢结构采用钢材作为构件的主要材料,外加楼板和墙板及楼梯组装成建筑。装配式钢结构建筑又分为型钢结构和轻钢结构,型钢结构的承重采用型钢,具有较大的承载力,可以装配高层建筑。轻钢结构以薄壁钢材作为构件的主要材料,内嵌轻质墙板。一般装配多层建筑或小型别墅建筑。

（1）型钢结构

型钢结构的截面一般较大,可以有较高的承载力,截面可为工字钢、L 形钢或 T 形钢。根据结构设计的设计要求,在特有的生产线上生产,包括柱、梁和楼梯等构件。生产好的构件运到施工工地进行装配。装配时构件的连接可以是锚固(加腹板和螺栓),也可以采用焊接。型钢结构的承重采用型钢,可以有较大的承载力,可以装配高层建筑。

（2）轻钢结构

轻钢结构一般采用截面较小的轻质槽钢,槽的宽度由结构设计确定。轻质槽钢截面小,壁一般较薄,在槽内装配轻质板材作为轻钢结构的整体板材,施工时进行整体装配。由于轻质槽钢截面小而承载力小,所以一般用来装配多层建筑或别墅建筑。由于轻钢结构施工采用螺栓连接,施工快、工期短,还便于拆卸,加上装饰工程造价一般为 1 500 ~ 2 000 元/m²,目前市场前景较好。

4）木结构

木结构装配式建筑全部采用木材,建筑所需的柱、梁、板、墙、楼梯构件都用木材制造,然后进行装配。木结构装配式建筑具有良好的抗震性能、环保性能,很受使用者的欢迎。对于木材资源丰富的国家,如德国、俄罗斯等都大量采用木结构装配式建筑。

装配式建筑现在一般按材料及结构分类,其分类示意图如图 1.22 所示。

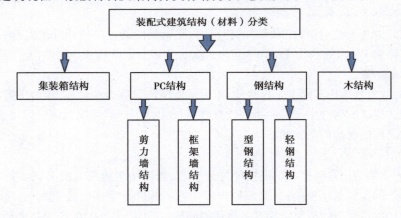

图 1.22 装配式建筑结构分类

【综合案例】

中国抗疫奇迹——火神山、雷神山医院建设

武汉火神山、雷神山医院的建成,堪称"奇迹"。2020 年 1 月,仿照"非典"时期"小汤山"的医院模式,这两所应急专科医院拔地而起。十天时间,从设计到交工,"两山"医院的建设展现了让人震惊的"中国速度"。在疫情的威胁下,每一个最简单环节都成了最艰巨的挑战。来自天南地北、全国各地的"逆行者们"火速驰援武汉,见山穿山,遇河搭桥,共同创造了这个"奇迹"。

　　火神山医院是在一片泥塘和山包上建成的,这里地基高差近 10 m,施工环境非常不理想。施工人员需要在这样的场地上平整出 7 个足球场大小的空地,光挖出的土就能堆出一座小山。这种工程量按常规估计需要至少一两个月。而且场地上方还有高压线,地上还有燃气、自来水等管道,迁改任务也是一个大难题。

　　雷神山医院的建筑面积经过三次扩容,达到 7.99 万 m^2,是火神山医院面积的两倍。且不说设计上的困难,如此大的建筑面积,光是活动板房就需要 3 100 间。整个湖北当时都没有这么多货源,而解决这个问题的时限是 48 小时。

　　据统计,火神山医院施工现场最高峰时有一万两千人在同时施工。2020 年 1 月 27 日起,央视频 24 小时向全世界直播火神山医院和雷神山医院的建造情况,直播还不到 3 天时间,累计访问量就超过 2 亿人次。"两山"医院的建设,成了那段时间里中国人最牵挂的事。

　　案例分析:我们从众多细节中回顾"两山"医院建设的全过程,在这令人惊叹的"中国速度"背后,除了一线建设者的辛勤付出,装配式建筑所具有的高效便捷、规模化、产业化的特点同样功不可没。另外,抗疫成果来之不易,我们不能忘记那些曾经奋斗在建设一线的"战士"们。

课后习题

　　(1)什么是装配式建筑?

　　(2)按结构材料分类,装配式建筑可以分为哪几类?

　　(3)请举例你见过的装配式建筑。

　　(4)装配式建筑有哪些建筑基本构件?

　　(5)装配式建筑构件集成化生产是什么意思?

　　(6)你见过哪些中国传统建筑? 请举例说明。

　　(7)现在的装配式建筑与传统建筑比较有哪些优势?

模块 2　装配式建筑技术

学习目标

(一)知识目标

1. 熟悉装配式建筑的预制构件设计及构件深化概念;
2. 熟悉装配式建筑构件生产与运输技术要求;
3. 掌握装配式建筑多种结构形式及其施工工法、施工步骤;
4. 理解装配式建筑给排水、强电、弱电、暖通空调的内涵;
5. 理解装配式建筑装饰工程设计、施工、管理、智能家居的内涵。

(二)能力目标

1. 能够对 BIM 技术有基本的了解;
2. 能够准确定位建筑构件生产线构成,在生产线上实践作业;
3. 能根据装配式建筑不同结构形式选择合理、高效的施工方式;
4. 能进行装配式建筑给排水、电气、暖通空调工程的简单设计;
5. 具备装配式建筑装饰工程材料的认识、选用能力。

(三)素质目标

1. 具备正确的学习态度、细心严谨,防止构件破损;
2. 增强学习能力,明白理论与实践相结合的重要性,培养建筑工匠精神;
3. 转变思维模式,培养建筑产业工业化发展的思想和智能建造的发展理念。

教学导引

2021 年,住房和城乡建设部发布《装配式建筑职业技能标准(征求意见稿)》和《装配式建筑专业人员职业标准(征求意见稿)》。

《装配式建筑专业人员职业标准(征求意见稿)》对构件工艺员(装配式混凝土)的工作职责做了具体要求,其体现在工艺设计、组织、执行、优化、资料管理 5 个方面。具体如下:参与编制预制构件生产工艺方案;参与预制构件深化设计和图纸会审;负责指导和监督预制构件生产过程工艺执行情况;及时纠正执行过程中的偏差;规范工艺流程等 13 条内容。构件工艺员(装配式混凝土)应具备的专业技能有:能够识读预制构件设计相关图纸;能够根据设计文件,结合企业的构件生产工艺条件、运输条件、经济和技术可行性等,参与编制预制构件生产工艺方案等 14 条内容。构件工艺员(装配式混凝土)应具备通用知识、基础知识和岗位知识三部分专业知识。通用知识有熟悉国家工程建设相关法律法规,熟悉材料、生产设备的基本知识等 6 条;基础知识有掌握生产管理的基本知识等 4 条;岗位知识有掌握预制构件生产工艺标准和管理规定,掌握预制构件生产工艺方案的内容和编制方法等 6 条。

　　《装配式建筑职业技能标准》明确,装配式建筑职业从业人员职业技能等级由低到高分为五至一级。对构件制作工(装配式混凝土)职业技能在专业内容上,从安全生产知识(如了解安全生产基本法律法规)、理论知识(如熟悉现场作业环境、物料定置定位的要求)、操作技能(如会进行常见构件制作的基本操作)三个模块进行了要求。

　　【问题与策略】

　　随着《工业化建筑评价标准》的实施,进一步引导和规范了现代化建造方式的转变。同时,这也需要大批量的装配式建筑专业人员,可从学校课堂学习,参加"全国装配式建筑职业技能竞赛"等相关比赛,获取装配式建筑施工员、构件工艺员证书,进行"岗课赛证"融通,培养具有装配式建筑技术的高素质技能型人才、装配式建筑专业人员,并提升其职业能力水平、职业道德。

装配式建筑设计

任务 2.1　装配式建筑设计

2.1.1　建筑设计

　　装配式建筑的建筑设计和传统的建筑设计的理念是一样的。当建筑规划设计完成后,根据设计要求来进行建筑设计。先进行建筑方案设计,方案通过后即进行建筑初步设计。在建筑初步设计的过程中,与传统设计的方法和使用的计算机软件有很大的不同,现在装配式建筑设计都要求采用建筑信息化软件。BIM 是建筑信息化管理软件,包含了建筑工程的所有工程实施过程管理。装配式建筑的设计是从 BIM 软件的建筑设计模块开始的,是按装配式建筑的建造流程来实施的。

1)建筑整体设计

　　装配式建筑的整体建筑设计按传统的建筑设计的理念,考虑用户的需求、建筑的功能、建筑的体量、立面的美观和环境的融合度等因素。但是在作具体的平面、立面、剖面和构造详图设计时和传统的建筑设计就完全不一样。一般作建筑整体设计时可以采用草图方式,先手绘建筑草图,根据草图在 BIM 软件的建筑设计模块上先作建筑构件设计,构件设计完成后,根据设计要求把构件组装成三维建筑整体模型,从而生成建筑的平面、立面和剖面图。装配式建筑设计流程如图 2.1 所示。

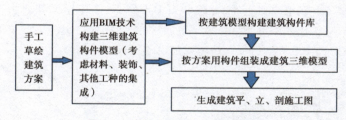

图 2.1　装配式建筑设计流程示意图

　　装配式建筑的模型是一个建筑信息模型,要包含装配体、子装配体与单个设备等有关的全部数据,都会和三维模型的数据联系在一起,包含在一个统一的建筑信息模型中,同时对装配体怎样装配、装的程序都会有所说明。在装配式建筑的设计经过中,要有包含建筑构件设计、构件生产工艺、构件装配工艺、后期的构件维护工艺人员参与其中。通过 BIM 软件体系仿真后得到结果,直到满足需要为止。BIM 信息化系统功能如图 2.2 所示。

图 2.2　BIM 信息化系统功能图

（1）平面设计要点

预制装配式建筑平面设计的原则是模数协调。平面设计要对套型模块的类型与尺寸实施优化，住宅内装部品和住宅预制构件要完成通用化、规范化与系列化，增强与完善住宅产业化相配套的运用型技术，在项目资本投入降低的同时提高施工的效率和质量。在布局形式的选取上，大空间布局要优先选用，并对管井和承重墙的部位实施科学安排布置，完成灵活可变的住宅空间布局，清楚确定套内每一个功能空间的分区和布局，套内的承重墙体能经过对构造的合理选型有效减少。

（2）立面设计要点

运用系列化、规范化、模块化的套型组合特征，装配式建筑的立面设计在预制外墙板能够使用不一样的饰面材料，表现出不一样色彩与纹理的变化。预制装配式建筑住宅大空间的灵活性与可变性，能经过不同外墙组件的灵活组合，展现出工业化建筑立面效果的特征。预制装配式建筑的关键外墙构件，包含混凝土预制组件、外装饰组件、空调板、阳台、门窗等。预制混凝土剪力墙构造住宅外部组件的装饰效果能够充分发挥，让其外观设计展现立面多样化。外门窗以满足通风采光要求为基础，调整窗口大小、比例和窗框形式，灵活应用设计方法。经过调整空调、阳台的形状与部位，能够让立面可变性更大，经过装饰组件完成自由多样的立面设计效果，充分体现了装配式建筑集成化设计的特征。装配式建筑的建筑设计如图 2.3、图 2.4 所示。

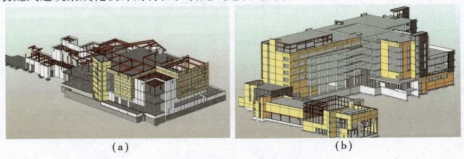

(a)　　　　　　　(b)

图 2.3　装配式 BIM 设计建筑图

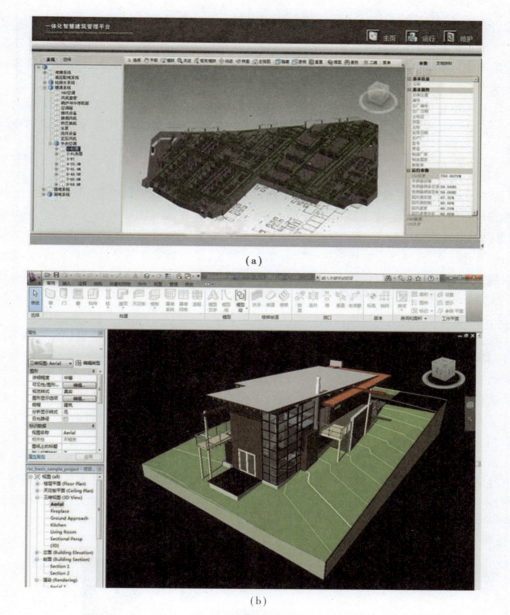

(a)

(b)

图 2.4 BIM 构件组装建筑图

总结起来,在预制装配式建筑设计过程中,可将设计工作环节细分为以下 5 个阶段:技术策划阶段、方案设计阶段、初步设计阶段、施工图设计阶段及构件加工图设计阶段。装配式建筑详细设计流程可参考图 2.1。装配式建筑的设计工作呈现 5 个方面的特征:

①流程精细化:预制装配式建筑的建设流程更全面、更综合、更精细,在传统的设计流程的基础上,增加了前期技术策划和预制构件加工图设计两个阶段。

②设计模数化:模数化是建筑工业化的基础,通过建筑模数的控制可以实现建筑、构件、部品之间的统一,从模数化协调到模块化组合,进而使预制装配式建筑迈向标准化设计。

③配合一体化:在预制装配式建筑设计阶段,应与各专业和构配件厂家充分配合,做到主体

结构、预制构件、设备管线、装修部品和施工组织的一体化协作,优化设计成果。

④成本精准化:预制装配式建筑的设计成果直接作为构配件生产加工的依据,并且在同样的装配率条件下,预制构件的不同拆分方案也会给投资带来较大的变化,因此设计的合理性直接影响项目的成本。

⑤技术信息化:BIM 是用信息化技术表达几何、物理和功能信息以支持项目全生命周期决策、管理、建设、运营的技术和方法。建筑设计可采用 BIM 技术,提高预制构件设计完成度与精确度。

2)建筑构件设计

装配式建筑在预制构件设计时,要坚持模数化、规范化的原则,减少应用的构件种类,保证构件的精确化与规范化,使工程造价降低。对于预制装配式建筑中的降板、异形、开洞多等位置,可以采用现浇施工形式。预制构件设计要注意成品安全性、生产可行性与方便性。如果预制构件尺寸较大,预埋吊点与构件脱模数量要合理增加,结合当地建筑节能要求,设计合适结构的预制外墙板,使散热器与空调安装要求得到满足。对于建筑构造中的非承重内墙,尽量选取隔声性能好、容易安装、自重轻的隔墙板。结合应力作用,预制装配式建筑室内空间要灵活划分,保证主体构造与非承重隔板连接的可靠性与安全性。

预制装配式建筑内装修设计要遵循的原则是部件、装修、建筑一体化,依据国家有关的规范设计部件系统,达到节能环保、安全经济的要求,同时完成集成化的部品系统,成套供应与规范相符的部件。完善构件与部品的通用性与兼容性,可通过对构件与部品接口技术、参数、公差配合的优化实现。对于装修设计所要求的设备、材料和设施的使用年限,预制装配式建筑内装修设计要思考其在不同环境下的现实使用状况。而在装修部品方面要以适应性与可变性为主,简化后期安装应用和维护改造的工作。

由于构件的生产不仅是一个集成化生产过程,还是一个批量生产过程,要有一定数量规模才有经济效益。因此,装配式建筑的构件设计首先是建筑产品的标准化,也即是说建筑物基本上是统一标准的。构件生产标准化,构件设计首先要模数化和标准化,更要集成化。BIM 构件设计如图 2.5 所示。

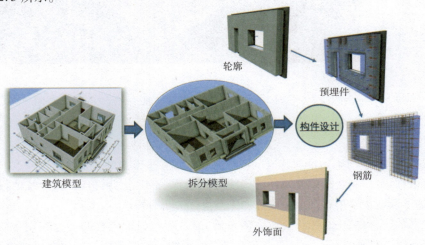

图 2.5　BIM 构件设计

图 2.6 展示了装配式建筑构件集成设计的实际范例,设计的墙板构件由 4 层材料构成,左上角图中第 1 层是内装饰层,第 2 层是结构层,第 3 层是建筑保温层,第 4 层是外装饰层。当组装成装配式建筑的墙体时,具有建筑外立面装饰、结构承重、节能和内装饰的功能。

图 2.7 是装饰构件设计,设计完成后与建筑组装在一起,形成完整的全建筑三维模型。

图 2.8 是把阳台作为建筑部件进行 BIM 设计。

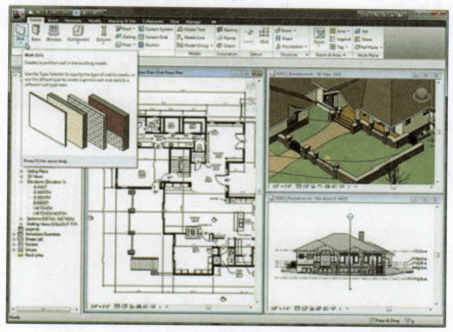

图 2.6　BIM 构件集成设计

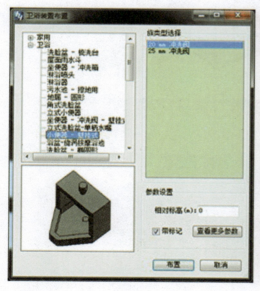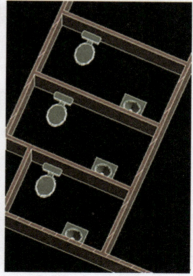

图 2.7　BIM 装饰构件设计

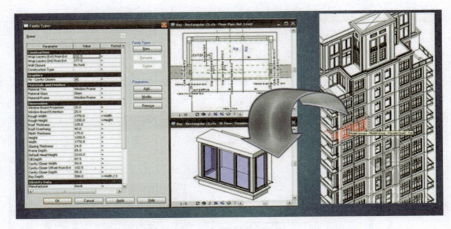

图 2.8　BIM 构件设计

　　装配式建筑采用 BIM 技术进行建筑构件的三维设计,可以一边设计一边将构件设计子图保存起来,构建一个装配式建筑的构件库。用构件组装建筑三维模型时可以选择构件库中符合设计要求的构件,避免构件的重复设计。应用 BIM 技术用构件组装建筑三维建筑模型,如图 2.9所示。

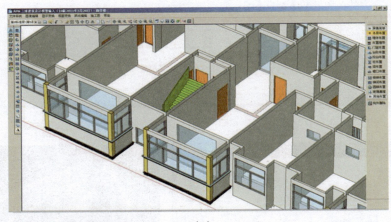

(a)

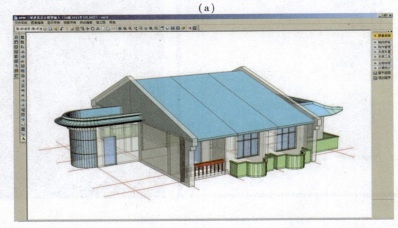

(b)

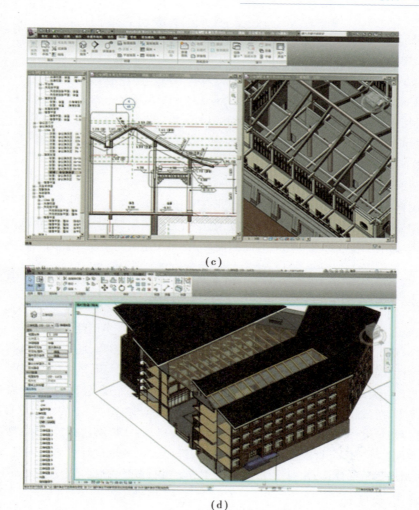

（c）

（d）

图 2.9　BIM 设计构件组装建筑三维模型图

由于我国建筑工业化还处于起步阶段，尽管现在装配式建筑在住宅上有了较大发展，但是还没有形成完整的产业链，还需要进一步的支持与促进。在学习与掌握目前的装配式建筑设计技术和其要点的同时，装配式建筑设计还要与时俱进，顺应时代发展的潮流，持续突破与创新，才能真正地体现建筑业转型升级和建筑产业现代化发展。

3）相关国家规范与标准

装配式建筑的建筑设计应遵循相关的国家规范和标准，目前已经或即将发布的国家规范和标准主要如下：

（1）行业和地方规范

①《装配式混凝土建筑技术标准》（GB/T 51231—2016）；

②上海市《装配整体式混凝土公共建筑设计规程》（DGJ—08—2154—2014）。

（2）国家标准

①《建筑模数协调标准》（GB/T 50002—2013）；

②国家建筑标准设计图集：

a.《装配式混凝土结构住宅建筑设计示例（剪力墙结构）》（15J 939—1）；

b.《装配式混凝土结构表示方法及示例（剪力墙结构）》（15G 107—1）；

c.《装配式混凝土结构连接节点构造》（15G 310—1、15G 310—2）；

d.《预制混凝土剪力墙外墙板》（15G 365—1）；

e.《预制混凝土剪力墙内墙板》（15G 365—2）；

f.《桁架钢筋混凝土叠合板（60 mm 厚底板）》（15G 366—1）；

g.《预制钢筋混凝土板式楼梯》（15G 367—1）；

h.《预制钢筋混凝土阳台板、空调板及女儿墙》（15G 368—1）。

由于装配式建筑在我国还处于起步阶段，现在相关的国家规范和标准正在编制。目前很多应用的是地方标准和行业标准。随着时间的推移，装配式建筑的建筑设计国家规范和标准将逐步完善。

2.1.2 结构设计

装配式建筑的结构设计过程中，要注意设计方案的可行性、实用性，掌握设计要点。在确保建筑物安全性、功能性的前提下，注意能源损耗控制，通过专业、标准、精细的设计，确保设计方案更加全面、标准，达到综合效益最大化。通常，在装配式建筑结构方案设计中，首先要结合建筑物的功能需求，对其平面、户型、外观、柱网、变形缝布置等进行深入分析，并提出可行性建议与要求，确保建筑物的结构高度与复杂度、不规则度能够控制在合理范围。在进行初步设计时，还要对建筑物的结构体系、建筑材料、结构布置、各参数等进行合理设置，并对多种设计方案进行经济性、可行性比较，进而选出最优设计方案。同时，还要利用标准化配筋原则进行精确计算，并对设计模型、施工方案进行调整，确保整个过程处于可控范围。

1）整体结构设计

（1）传统的建筑工程结构设计

传统的建筑结构设计，首先根据建筑设计的要求确定一个结构体系，结构体系包括砌体结构、框架结构、剪力墙结构、框架-剪力墙结构、框架-核心筒结构、钢结构、木结构。当确定好结构体系后，根据结构体系估算构件的截面，包括柱、梁、墙、楼板。有了构件的截面后可以对构件加载应承担的外部荷载。对整个结构体系进行内力分析，保证结构体系中的各构件在外部荷载作用下，保持内力的平衡。在内力平衡的条件下，对构件进行承载力计算，保证构件满足承载力要求（钢筋混凝土构件有足够的配筋），并有一定的安全系数。为了工程施工需要，还要绘制结构施工图（满足结构构造要求），并对图纸进行审核，作为施工的文件。传统的结构设计流程如图 2.10 所示。

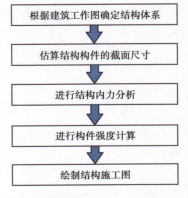

图 2.10　传统的结构设计流程图

　　现在结构设计都要采用计算机软件来实现,手工计算是不能满足要求的,目前国内各大设计院通常采用 PKPM 系列软件来进行建筑结构设计。PKPM 系列软件是中国建筑科学研究院开发的,它是结构设计的计算机辅助设计软件,集结构三维建模、内力分析、承载力计算、计算机成图为一体,从 1992 年开始就在国内应用。

　　(2)装配式建筑结构设计

　　装配式建筑的结构设计与传统的建筑结构设计有很大的区别。传统的建筑结构设计的图纸是针对施工单位(湿法施工),装配式建筑的结构设计的图纸(主要是构件施工图)是针对工厂(生产构件的生产线)。为了使构件生产达到设计要求,装配式建筑的结构设计应在建筑信息模型(BIM)平台上进行。其设计流程是:在 BIM 平台上,利用已经建立的建筑三维模型,用 BIM 中结构设计模块对装配式建筑进行整体结构设计。在结构设计中要考虑结构优化,可能对构件的截面尺寸和混凝土强度等级进行调整。当最终结构体系内力平衡和构件强度达到设计要求以后,建筑设计也可能有所改变,但建筑设计无须再进行设计调整。这就是 BIM 技术的优势。当装配式建筑结构整体设计达到设计要求后,不是按传统方法绘制施工,而是按构件设计要求绘制构件施工图。构件施工图被送到工厂进行构件批量生产。装配式建筑结构设计流程如图 2.11 所示。

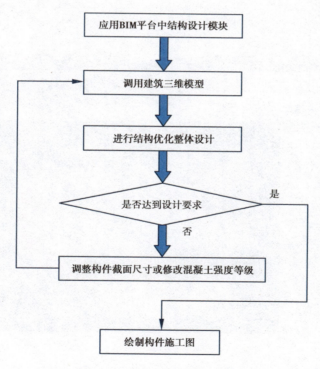

图 2.11　装配式建筑结构设计流程图

装配式建筑结构设计应用 BIM 平台操作界面如图 2.12 所示。

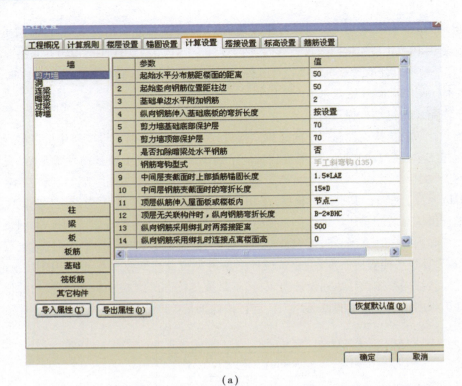

(a)

(b)

结构模型导入

可导入的楼层
- ☑ 全选/全消
  - ☑ 层1
  - ☑ 层2
  - ☑ 层3
  - ☑ 层4
  - ☑ 层5
  - ☑ 层6

可导入的类型

类型	自动匹配截面
☑ 柱(共282项)	☑
☑ 梁(共1291项)	☑
☑ 板(共990项)	☑

选项
- ☐ 增量更新
  - ☑ ID匹配
  - ☐ 位置匹配
- 轴网延长距离 4550
- ☑ 手工指定模型整体偏移
  - 偏移值 0, 0, 0
  - ☐ 自动调整支撑位置
- ☑ 导入完成后关闭

- ☑ 自动对齐梁面
- ☑ 自动对齐板面
- ☐ 消除楼板在梁中心的边线
  - 说明:打勾表示移动到内边界,不打勾外边界,否则中心线
  - ■ 移动有连接板边 0
  - ■ 移动无连接板边 0
- ☑ 板孔边调整到内边界
- ☑ 导入完成后进行梁柱板剪切

步骤1　　步骤2　步骤3　步骤4

Midas MGT
可从指定的Midas MGT导出文件读取分析模型以及结算结果相关的数

读取数据　截面映射　导入(O)　取消(C)

(c)

映射关系

柱截面映射表　梁截面映射表　板截面映射表

导入截面	对应类别	对应截面	截面锁定
⌃ 砼_梁_矩形			
L300X1000(矩形)	砼_梁_矩形	L300X1000	☐
L300X800(矩形)	砼_梁_矩形	L300X800	☐
L300X900(矩形)	砼_梁_矩形	L300X900	☐
L300X600(矩形)	砼_梁_矩形	L300X600	☐
⌃ 钢_梁_工形			
HN300X680(工形)	钢_梁_工形	HN300X680	☐
HM300X582(工形)	钢_梁_工形	HM300X582	☐
HA300X1200(工形)	钢_梁_工形	HA300X1200	☐
HN 298x149x5.5/8(工形)	钢_梁_工形	HN 298x149x5.5/8	☐
HN 400x200(工形)	钢_梁_工形	HN 400x200	☐
⌃ 钢_梁_L形			
L 110x10(L形)	钢_梁_L形	L 110x10	☐

打开...　另存为　　材料匹配　自动生成截面　确定　取消

(d)

图 2.12　BIM 结构设计界面

2）构件结构设计

装配式建筑构件的优点是众所周知的,它不仅是建筑施工工业化的标志,同时也为降低成本、节能减排作出不少贡献。近年来,混凝土预制构件在轨道交通领域广泛应用,在房屋建筑中的需求量也逐渐增加。虽然行业前景不错,但混凝土预制品行业仍存在不足,其发展面临3个问题:第一,总体产能过剩,开工不足;第二,产品技术水平不高,产品质量差;第三,粉煤灰、沙、石等原料供应紧张。这种现象与该行业的生产模式及经济秩序是分不开的。虽然很多构件厂已具备相应的技术条件,但由于其与设计、施工单位联系不够紧密,没有良好的衔接管理模式,导致他们不能经济、高效地参与到新型项目中,制约了其实现设计、生产一体化。

通常来讲,现有混凝土预制构件设计体系有两种:一是设计单位从构件厂已生产的预制构件中挑选出满足条件的构件来使用;二是设计单位根据需求向构件厂定制混凝土构件。但这两种方式中都存在很多不足。首先,构件厂与设计单位沟通困难,联系不够紧密。国内大部分设计师设计时并没有充分考虑预制构件的因素,从而不能设计出好的预制装配式建筑作品,也就不能很好地利用已生产的构件类型,同时也从需求上限制了构件的生产。其次,广大构件厂不具备深化设计的能力,没有大量投入科技研发中,新品开发速度缓慢,造成了他们不能满足设计单位的定制要求,也制约了发展。

应用BIM技术,可以全方位解决装配式建筑的构件设计问题。它不仅提供了新的技术,更提出了全新的工作理念。BIM可以让设计师在设计3D图形时就将各种参数融合其中,如物理性能、材料种类、经济参数等,同时在各个专业设计之间共享模型数据,避免了重复指定参数。此时的BIM模型就可以用来进行多方面的应用分析:可以用它进行结构分析、经济指标分析、工程量分析、碰撞分析,等等。虽然目前在国内BIM的应用仍以设计为主,但实际上它的最大价值在于可以应用到构件的设计、生产、运营的整个周期,起到优化、协同、整合作用。

装配式建筑构件结构设计主要包括以下几方面内容:

①构件设计:遵循《建筑结构荷载规范》（GB 50009—2012）、《混凝土结构设计规范（2015版）》（GB 50010—2010）、《装配式混凝土结构技术规程》（JGJ 1—2014）的要求,参考15G365、15G366等标准图集的规定要求。

②节点连接:剪力墙与填充墙之间采用现浇约束构件进行连接。剪力墙纵向钢筋采用"套筒灌浆连接",I级接头。预制叠合板与墙采用后浇混凝土连接。

③构件配筋:将软件计算及人为分析干预计算后的配筋结果进行钢筋等量代换,作为装配式混凝土预制构件的配筋依据。

④构件设计根据建筑结构的模数要求,对结构进行逐段分割。其中,外墙围护结构划分出由"T""一""L"节点连接的外墙板节段;内墙分隔结构划分出由"T""一"节点连接的内墙板节段;其中走廊顶设置过梁;卫生间阳台采用降板现浇设计。装配式结构设计规划完成后,对原建筑外形重新进行修正,使建筑图符合结构分割需要。

⑤建立族库。根据预制构件所采用的钢筋型号、各类辅助件具体设计参数,建立各类钢筋和预埋件族库,方便建模时插入使用。例如,钢筋连接套筒、三明治板连接件、吊顶、内螺旋、线盒等。

⑥建立构件模型,有单向叠合板、双向叠合板、三明治剪力墙外墙板、三明治外墙填充板、内墙板、叠合梁、楼梯、外墙转角、空调板,共9种类型的预制板。

　　装配式建筑的构件设计是在结构整体设计的基础上,经过内力分析和强度计算(配筋计算),各结构构件已经有了配筋结果,然后送到工厂进行生产。装配式建筑的构件设计如图 2.13 所示。

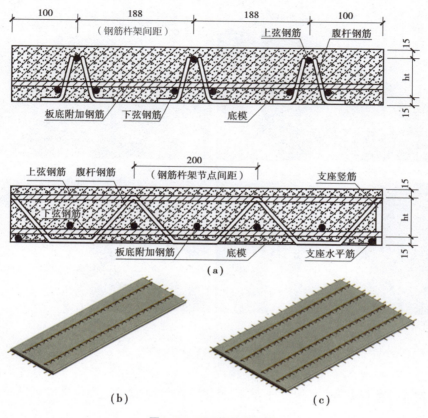

图 2.13　BIM 构件设计图

　　为了装配式建筑在组装时更加方便,可以把构件组合成部件,在工厂进行生产,例如阳台可以做成部件(图 2.14)。

图 2.14　BIM 部件设计界面

　　装配式建筑的构件生产以后,在指定的场地进行组装。为保证建筑的精度和构件连接的强度,还要进行构件的节点设计。节点设计的重点是既要保证构件的定位,又要保证构件之间连接的强度。因此,构件的节点设计既要有构件的定位孔(或连接螺栓),又要有构件之间的连接钢筋。构件的节点设计如图 2.15 所示。

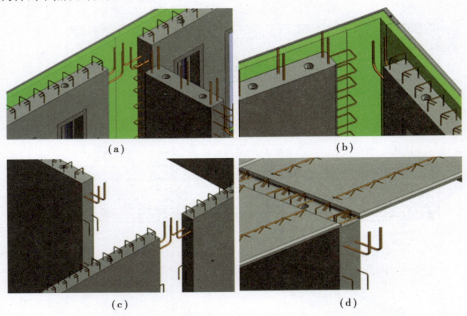

　　(a)　　　　　　　　　　　　　(b)

　　(c)　　　　　　　　　　　　　(d)

图 2.15　BIM 构件节点设计图

　　装配式建筑的结构设计在完成整体结构内力分析、强度计算后,就可以进行构件设计了。但是,进行构件设计时要考虑其他工种,包括水、电、装饰、通信等。完成集成化设计,最后由工厂进行生产。

　　【综合案例】

<h3 style="text-align:center">"数字建筑,智慧建造"——第四届全国大学生结构设计信息技术大赛</h3>

　　为提高土木专业学生的建筑信息化水平,并秉承、贯彻住房和城乡建设部《2016—2020 年建筑业信息化发展纲要》的基本精神,坚持以"数字建筑,智慧建造"为主题,弘扬工匠精神,助力培养国家的"新一代工匠",竞赛选择某大学校园配套宿舍装配式建筑设计为赛题,结构体系为混凝土-钢组合结构,即梁柱采用混凝土柱和钢梁的组合,如图 2.16 所示。要求参赛队伍根据建筑平面图及功能布置进行结构设计,建立计算分析模型和三维结构信息模型,通过三维结构信息模型进行结构施工图绘制、基础设计和预制构件深化,并输出相应的图纸,建筑首层平面图如图 2.17 所示。本次赛题中,参赛学生不仅要根据建筑平面布置图进行结构设计,更对预制构件提出了深化设计的要求。通过本次技能竞赛,使得学生的专业识图能力、绘图能力和团队合作能力等综合素质均有所提高。

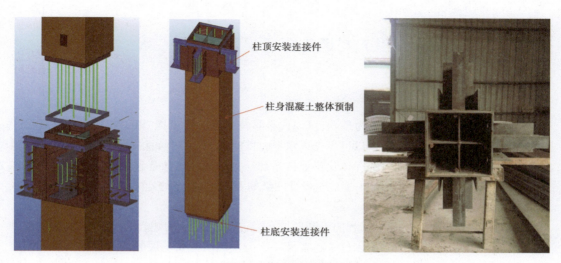

柱顶安装连接件

柱身混凝土整体预制

柱底安装连接件

图 2.16 梁柱节点构造图

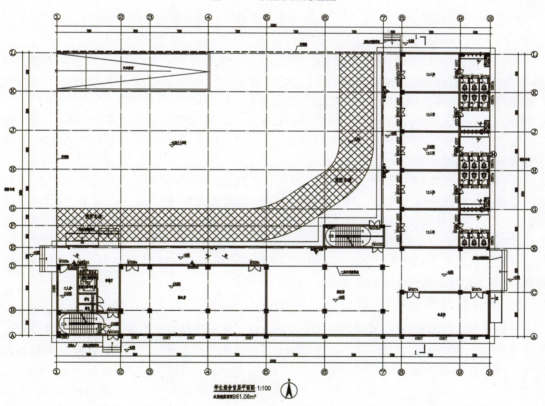

图 2.17 学生宿舍首层平面图

任务2.2　装配式建筑生产与运输

2.2.1　建筑产业化概念

建筑产业化是指以绿色发展为理念,以现代科学技术进步为支撑,以工业化生产方式为手段,以工程项目管理创新为核心,以世界先进水平为目标,广泛运用信息技术、节能环保技术,将建筑产品生产过程连接为完整的一体化产业链系统。它的基本概念是建筑产品的构件全部在工厂生产。工厂生产的建筑构件根据建筑设计图纸的要求,在指定的地方进行构件组装并形成建筑产品,也就是装配式建筑。

近年来,随着世界各国建筑工程的不断发展,建筑产业化已成为建筑的发展方向,预制构件在装配式混凝土房屋建筑的应用也越来越普及。欧美发达国家在发展装配式住宅方面都制定了非常完善的标准。日本要求20层以下的住宅必须全部采用预制装配,新加坡预制化率已达70%以上,同时政府编制了详细的设计文件用于指导装配式住宅的设计和施工。

1)建筑产品产业化

建筑物作为建筑产品是房地产开发商的追求目标,但是要产业化生产,建筑产品必须要分类,作为地产一般有住宅和商业经营用房(包括办公、商业、旅游、复合地产等)。任何一类建筑产品要产业化,必须要标准化。建筑产品产业化要有一定的规模,没有规模工厂就没有效益,没有效益的工厂是无法生存的。因此,建筑产业化的前提是建筑产品必须标准化。目前,我国建筑最多的是住宅建筑,住宅建筑也是目前我国最大的需求建筑,根据建筑产品标准化要求,目前装配式建筑以住宅建筑为主。

万科地产集团2001年起就开始了建筑产品标准化的研究,为了获得更大的经济效益,万科地产集团首先将住宅建筑进行分类后在图纸上进行标准化处理,住宅按用户需求进行标准化。因此,万科的住宅建筑开发,根据地区的不同只需调整建筑的基础,上部结构都采用标准化图纸。提高了施工速度,免去了重复设计,大大提高了经济效益。为了更大程度地提高效益,是否可以在施工技术上进行改革?建筑构件用工厂进行产业化生产,建筑产品用建筑构件直接装配而成,这就是建筑产品产业化的基本概念。

2)建筑构件产业化

要形成建筑产品产业化,其建筑构件必须产业化。建筑构件在工厂生产后运到工地进行组装形成建筑产品。因此,建筑产品产业化实际上是建筑构件产业化。建筑构件产业化的根本是建立构件生产的工厂,工厂生产必须有一定的规模,每年有一定的生产能力,达到一定的生产量,工厂才能正常运转。为保证工厂的正常运转,建筑构件在生产过程中必须要标准化。因为工厂生产量的保证必须是现代化生产,必须是生产流水线作业才能保证一定的生产量。在建筑产品标准化的前提下,建筑构件的标准化必须要建筑模数的标准化。因此,为保证建筑构件的标准化,国家出台了装配式建筑构件设计模数化的规定。建筑构件设计要模数化、集成化设计,以达到建筑构件生产化的要求。因此,建筑构件产业化就是建筑构件的标准化、集成化流水线生产。

2.2.2　生产材料的应用

装配式建筑的构件在生产工厂制作,在现场拼装,施工方便快捷,节约材料,环保节能,自重轻,工期短,有良好的社会效益,符合国家环保、节能技术政策。建筑构件实现工业化生产后,不仅可以减少很多现场施工的浪费,同时也使得更多的环保、绿色、可持续发展的建筑材料得到应用。

在我国的房屋建筑材料中,墙体材料占45%~75%,而在装配式建筑的发展中,墙体材料的变化就显得极为明显。墙体材料发展趋势是由小块向大块、由大块向板材发展。板材装配采用干作业,相对于砖和砌块来讲,施工效率可以成倍提高。2014年5月,中国建筑材料联合会制定了《中国建筑材料工业新兴产业发展纲要》,确定了建材新兴产业七大领域,其中包括新型多功能节能环保墙体产业,提出以"重点发展轻质高强、多功能复合一体化、安全耐久、节能环保、低碳绿色、施工便利的新型多功能墙体材料"。坚持技术含量高、产品新型、质量好、节能环保、低碳绿色和舒适的原则;坚持产品性能优异、功能多元且复合功能强的原则;坚持制品化、部品部件产业化与组合组装的发展原则;坚持美观、适用、安全、无污染的发展原则。

1)主要的板材类型

(1)水泥制品板材

水泥是我国应用最为广泛的胶凝材料之一,各类型水泥制成的墙板从20世纪90年代末开始进入市场,例如大家熟悉的玻璃纤维增强水泥多孔轻质隔墙条板、节能环保的灰渣混凝土建筑隔墙板、节能保温的硅酸钙复合夹心墙板等(图2.18)。1999年全国墙板生产总量已达到2.41亿 m^2,占全国墙材的1.41%。但由于板材接缝技术及收缩开裂问题未能得到很好解决,加之低劣产品充斥市场,对墙板行业造成了恶劣影

图2.18　水泥纤维板

响,使得建筑开发应用及设计部门对建筑隔墙板产品产生了较差的印象。2006年和2007年,墙板的生产与应用萎缩到不足2 800万 m^2,企业已不足300家,全国隔墙板生产总值不足20亿元。从我国对建筑轻质隔墙条板产品进行的几次监督抽查结果中可以看出,产品普遍存在的问题:干燥收缩值普遍偏大、面密度控制不好、力学性能差(如抗冲击性、抗折破坏荷载性、抗压强度、吊挂力检测结果等普遍偏低)等问题。

由于水泥制成的建筑墙体板材存在大板易开裂、容重大等问题,同时水泥生产耗能高,对环境不友好,因此发展新型环保的、可持续发展的墙体材料也成为建筑行业的一大重点。

(2)石膏制品板材

石膏作为一种传统的胶凝材料,很受人们的青睐。它是以建筑石膏为主要原料制成的一种材料,属绿色环保新型建筑材料,具有质轻、保温隔热、无辐射、无毒无味、防火、隔音、施工方便、绿色环保等诸多优点。石膏板是当前着重发展的新型轻质板材之一,已广泛用于住宅、办公楼、商店、旅馆和工业厂房等各种建筑物的内隔墙、墙体覆面板(代替墙面抹灰层)、天花板、吸音板、地面基层板和各种装饰板等(图2.19)。除了较为经济与常见的象牙白色板芯、灰色纸面,还有下述品种。

图 2.19　石膏板

①防火石膏板：基于传统纸面石膏板的基础创新开发的一种新产品，不仅具有纸面石膏板的隔音、隔热、保温、轻质、高强、收缩率小等特点，而且在石膏板板芯中增加了一些添加剂（玻璃纤维），使得这种板材在发生火情时，在一定的时间内可保持结构完整（在建筑结构里），从而起到阻隔火焰蔓延的作用。

②花纹装饰石膏板：以建筑石膏为主要原料，掺加少量纤维材料等制成的有多种图案、花饰的板材，如石膏印花板、穿孔吊顶板、石膏浮雕吊顶板、纸面石膏饰面装饰板等。它是一种新型的室内装饰材料，适用于中高档装饰，具有轻质、防火、防潮、易加工、安装简单等特点。特别是新型树脂仿型饰面防水石膏板，板面覆以树脂，饰面仿型花纹，其色调图案逼真，新颖大方，板材强度高、耐污染、易清洗，可用于装饰墙面，做护墙板及踢脚板等，是代替天然石材和水磨石的理想材料。

③纸面石膏装饰吸声板：以建筑石膏为主要原料，加入纤维及适量添加剂做板芯，以特制的纸板为护面，经过加工制成的。纸面石膏装饰吸声板分有孔和无孔两类，并有各种花色图案。它具有良好的装饰效果。由于两面都有特制的纸板护面，因而强度高、挠度较小，具有轻质、防火、隔声、隔热等特点，抗震性能良好，可以调节室内温度，施工简便，加工性能好。纸面石膏装饰吸声板适用于室内吊顶及墙面装饰。

（3）金属波形板

金属波形板是以铝材、铝合金或薄钢板轧制而成（也称金属瓦楞板），如图 2.20 所示。如用薄钢板轧成瓦楞状，涂以搪瓷釉，经高温烧制成搪瓷瓦楞板。金属波形板质量轻，强度高，耐腐蚀，光反射好，安装方便，适用于屋面、墙面。

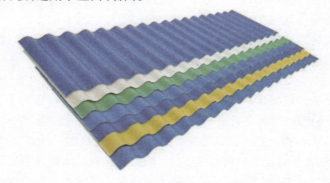

图 2.20　金属波形板

（4）EPS 隔热夹芯板

EPS 隔热夹芯板是以 0.5～0.75 mm 厚的彩色涂层钢板为表面板,自熄聚苯乙烯为芯材,用热固化胶在连续成型机内加热加压复合而成的超轻型建筑板材,是集承重、保温、防水、装修于一体的新型围护结构材料(图 2.21)。可制成平面形或曲面形板材,适用于大跨度屋面结构,如体育馆、展览厅、冷库等,以及其他多种屋面形式。

图 2.21　EPS 隔热夹芯板(单位:mm)

（5）硬质聚氨酯夹芯板

硬质聚氨酯夹芯板由镀锌彩色压型钢板面层与硬质聚氨酯泡沫塑料芯材复合而成。压型钢板厚度为 0.5、0.75、1.0 mm。彩色涂层为聚酯型、改性聚酯型、氟氯乙烯塑料型,这些涂层均具有极强的耐候性。该板材具有质轻、高强、保温、隔音效果好,色彩丰富,施工方便等特点,是集承重、保温、防水、装饰于一体的屋面板材,可用于大型工业厂房、仓库、公共设施等大跨度建筑和高层建筑的屋面结构(图 2.22)。

图 2.22　硬质聚氨酯夹芯板

2）新型环保绿色材料的应用

为了绿色建筑的需要,应用环保绿色建筑材料将是建筑材料的革命,轻钢结构的装配式建筑的墙板采用绿色的植物纤维模压板,例如万科地产集团采用的麦秆纤维模压板,是绿色环保并且可持续利用,如图 2.23 所示。

图 2.23　麦秆均质板

目前,我国已经有大量的绿色环保板材生产线,为装配式绿色建筑提供有力的保障。绿色环保材料的应用如图 2.24、图 2.25 所示。

图 2.24　可持续环保材料应用图

图 2.25　新型建筑环保材料应用图

2.2.3　建筑构件生产

预制构件生产
（一）

不同类型、不同材料的建筑预制构件,其生产工艺是不同的。本节主要以应用较为广泛的钢筋混凝土预制构件为例,介绍建筑构件的生产过程。钢筋混凝土预制构件的制作过程包括:模板的制作与安装,钢筋的制作与安装,混凝土的制备、运输,构件的浇筑振捣和养护,脱模与堆放等。

1) 建筑构件生产模式

（1）建筑构件生产的优势

①能够实现成批工业化生产,节约材料,降低施工成本。

②有成熟的施工工艺,有利于保证构件质量,特别是进行标准定型构件的生产,预制构件厂（场）施工条件稳定,施工程序规范,比现浇构件更易于保证质量。

③可以提前为工程施工做准备,施工时将达到强度的预制构件进行安装,可以加快工程进度,降低工人劳动强度。

（2）构件制作工艺

根据生产过程中组织构件成型和养护的不同特点,预制构件制作工艺可分为台座法、机组流水法和传送带流水法 3 种。目前预制外墙、预制楼梯、预制阳台等仍以台座法生产为主,部分标准化生产的预制内隔墙条板已经实现了机组流水法或传送带法。

①台座法

台座是表面光滑平整的混凝土地坪、胎模或混凝土槽,也可以是钢结构。构件的成型、养护、脱模等生产过程都在台座上进行。

模具

②机组流水法

机组流水法是在车间内,根据生产工艺的要求将整个车间划分为几个工段,每个工段皆配备相应的工人和机具设备,构件的成型、养护、脱模等生产过程分别在有关的工段循序完成。

③传送带流水法

传送带流水法是指模板在一条呈封闭环形的传送带上移动,各个生产过程都是在沿传送带循序分布的各个工作区中进行。

（3）预制构件的成型

常用的振捣方法有振动法、挤压法、离心法等,以振动法为主。

①振动法

用台座法制作构件,使用插入式振动器和表面振动器振捣。插入式振动器振捣时宜呈梅花状插入,间距不宜超过 300 mm。若预制构件要求清水混凝土表面,则插入式振动棒不能紧贴模具表面,否则将留下棒痕。表面振动器振捣的方法分为静态振捣法和动态振捣法。前者用附着式振动器固定在模具上振捣,后者是在压板上加设振动器振捣,适宜不超过 200 mm 的平板混凝土构件。

②挤压法

挤压法常用于连续生产空心板,尤其是预制轻质内隔墙时常用。

③离心法

离心法是将装有混凝土的模板放在离心机上,使模板以一定转速绕自身的纵轴旋转,模板内的混凝土因离心力作用而远离纵轴,均匀分布于模板内壁,并将混凝土中的部分水分挤出,使混凝土密实。离心法常用于大口径混凝土预制排水管生产中。

2）预制构件的生产控制

（1）原材料对混凝土预制构件的影响及控制

原材料主要包括水泥、集料等。只有优质的原材料,才能制作出符合技术要求的优质混凝土构件。

①水泥

配制混凝土用水泥通常采用硅酸盐水泥、普通水泥、矿渣水泥、火山灰水泥、粉煤灰水泥五大品种。通常普通硅酸盐水泥的混凝土拌合料比矿渣水泥和火山灰水泥的工作性好。矿渣水泥拌和料流动性大,但黏聚性差,易泌水离析;火山灰水泥流动性小,但黏聚性最好。用矿渣或火山灰水泥预制混凝土小型构件,易造成外表初始水分不均匀,拆模后颜色不匀,掺入的矿渣或火山灰在混凝土表面易形成不均匀花带、黑纹,影响构件外观质量。因此,预制混凝土构件时,尽量选用普通硅酸盐水泥。

选用水泥的强度等级应与要求配制的构件的混凝土强度相适应。如水泥强度等级选择过高,则混凝土中水泥用量过低,影响混凝土的和易性和耐久性,造成构件粗糙、无光泽;如水泥强度等级过低,则混凝土中水泥用量过大,不但不经济,而且会降低混凝土构件的技术品质,使混凝土收缩率增大,构件裂纹严重。

②集料

细集料应采用级配良好、质地坚硬、颗粒洁净、粒径小于 5 mm、含泥量小于 3% 的沙。进场后的沙应进行检查验收,不合格的沙严禁入场。检查频率为 1 次/100 m³。粗集料要求石质坚硬、抗滑、耐磨、清洁和级配符合规范的要求。石质强度要不小于 3 级,针片状质量百分数 ≤15%,硫化物及硫酸盐质量百分数 <1%,泥土的质量百分数 <2%。碎石最大粒径不得超过结构最小边尺寸的 1/4。进场后应进行检查验收,检查频率为 1 次/200 m³。

(2)施工工艺对混凝土预制构件的影响及控制

施工工艺主要有振捣、拆模和养护等。

①振捣。用插入式振捣时,移动间距不应超过振捣棒作用半径的 15 倍,与侧模应保持最少 5 cm 距离;采用平板振动器时,移位间距应以使振动器平板能覆盖已振实部分 10 cm 左右为宜;采用振动台时,要根据振动台的振幅和频率,通过试验确定最佳振动时间。要掌握正确的振捣时间,振捣至该部位的混凝土密实为止。密实的标志是:混凝土停止下沉,不再冒出气泡,表面呈现平坦、泛浆。

②拆模。预制构件待混凝土达到一定的强度、保持棱角不被破坏时,方可进行拆模。拆模时要小心,避免外力过大而损坏构件。拆模后构件若有少许不光滑,边角不齐,可及时进行适当修整。

③养护。拆模后要按规定进行养护,使其达到设计强度。避免因养护不到位造成浇筑后的混凝土表面出现干缩、裂纹,影响预制件外观。当气温低于 5 ℃时,应采取覆盖保温措施,不得向混凝土表面洒水。

3)预制构件养护

预制构件的养护方法有自然养护、蒸汽养护、热拌混凝土热模养护、太阳能养护、远红外线养护等。目前以自然养护和蒸汽养护为主。

(1)自然养护

自然养护成本低,简单易行,但养护时间长,模板周转率低,占用场地大。我国南方地区的台座法生产多用自然养护。

(2)蒸汽养护

蒸汽养护是将构件放置在有饱和蒸汽或蒸汽与空气混合物的养护室(或窑)内,在较高温度和湿度的环境中进行养护,以加速混凝土的硬化,使之在较短的时间内达到规定的强度标准值。蒸汽养护效果与蒸汽养护制度有关,它包括养护前静置时间、升温和降温速度、养护温度、恒温养护时间、相对湿度等。蒸汽养护的过程可分为静停、升温、恒温、降温等 4 个阶段,蒸汽养护时,混凝土表面最高温度不宜高于 65 ℃,升温幅度不宜高于 20 ℃/h,否则混凝土表面易产生细微裂纹。

蒸汽养护可缩短养护时间,模板周转率相应提高,占用场地大大减少。

混凝土预制构件的生产从一定程度上可以说是建筑的工厂化,虽然说相比以前技术方法有了一定进步,但并不是质量也随之提高了,这还有赖于构件生产过程中的管理。

2.2.4　建筑构件生产线的建立

根据装配式建筑要求及土地现状进行厂区规划及投资费用估算,提供预制混凝土构件产品生产的全部工艺内容,并根据产能需求及生产工艺特点提供生产系统规划。提供装配式建筑工厂的全套工艺技术服务(包含厂区规划、生产线工艺规划、厂内物流系统、厂外物流系统、垂直起吊系统、安全防护系统、生产工艺系统、人员配置、给排水系统、蒸汽养护系统等)。

1)工厂规划设计

根据装配式建筑的需求及土地现状进行厂区规划及投资费用估算:

①根据产能、物流、产品类型、运输半径等需求对甲方选择地块提供合理化建议。

②根据甲方提供的地块进行整体规划。

③对现有厂房进行改造规划,配合现有厂房进行厂区规划布局。

④对主体生产车间进行规划,包括面积及跨度等。

⑤对厂区构件堆场进行规划,包括面积配套设备及设施等。

⑥对辅助功能设施的布局进行规划,包括锅炉房、泵房、箱式变电站等。

⑦对办公楼、宿舍楼、食堂等建筑进行初步规划。

⑧对厂区物流道路、行人通道及其他车辆通道等进行规划。

⑨提供厂区规划的平面图及效果图。

⑩提供工厂建设周期计划方案。

⑪建厂投资分析及估算,含土建投资和设备投资等。

2)工厂工艺设计

提供预制混凝土构件产品生产的全部工艺内容:

①提供 PC 构件生产的整套生产工艺流程图设计说明。

②外墙板生产工艺(包括正、反打工艺)。

③内墙板生产工艺。

④叠合楼板生产工艺。

⑤空调板、女儿墙生产工艺。

⑥楼梯、阳台、PCF 板等异形构件生产工艺。

⑦其他 PC 构件的生产工艺。

⑧构件养护工艺设计。

3)生产系统规划

根据产能需求及生产工艺特点提供生产系统规划:

①依据产品种类及生产工艺,规划 PC 构件生产线布局方式,包括混合式生产线、外墙板生产线、内墙板生产线、叠合板生产线、固定模台生产线。

②混凝土拌和及运输方式的布局规划。

③钢筋加工系统布局规划及周转方式的确定。

④工厂及厂区内垂直起吊系统的规划。

⑤生产过程物料周转方式的规划。

⑥生产车间内的辅助功能区域布局与规划。

⑦生产车间内安全通道及人行通道等规划。

⑧构件存储及运输方式规划。

4）生产线的建立

根据生产工艺特点规划生产线布局及相关配置,按照生产线布局配置的特点确定相关的辅助设备及设施,辅助进行其他设备的采购招标,根据产能规划及投资规模提供构件成本分析、建厂投资测算等数据分析。

（1）生产线布局规划

根据生产工艺特点规划生产线布局及相关配置:

①混合式生产线布局及配置规划。

②外墙板生产线布局及配置规划。

③内墙板生产线布局及配置规划。

④叠合板生产线布局及配置规划。

⑤异形构件生产线布局配置规划。

（2）辅助设备选型规划

根据生产线布局配置的特点确定相关的辅助设备及设施:

①起重设备的选型及配置规划。

②搅拌站设备选型及配置规划。

③钢筋加工设备选型及配置规划。

④锅炉、空压机设备,选型及配置规划。

⑤供电、供水设施的规划。

⑥机修设施的选型规划。

⑦实验室设施的选型规划。

⑧工装系统的配置规划。

⑨安全防护系统的配置规划。

（3）生产系统技术要求

根据自动化生产线的布局、配置,深入规划各单机设备的功能及控制要求:

①提供生产车间的基本规划布局方案。

②提供生产系统给排水点的位置及相关技术要求。

③提供生产系统污水沉淀池的规划方案及污水排放等规划。

④提供生产系统电力供应规划的相关数据及相关的点位方案。

⑤提供生产系统蒸汽供应及用汽点的规划方案。

⑥提供生产系统运输道路的规划方案。

⑦其他工厂设计过程的技术支持。

（4）经济测算

根据产能规划及投资规模提供构件成本分析、建厂投资测算等数据分析:

①提供预制构件产品成本分析。

②盈亏平衡分析。

③利润测算。

装配式建筑的构件生产线的建立,要根据装配式建筑的类型和标准来确定建筑预制构件的生产,在构件标准模数的确定下进行论证,从而建立科学的、可行的装配式建筑的构件生产线。

装配式建筑的构件生产线如图 2.26、图 2.27 所示。

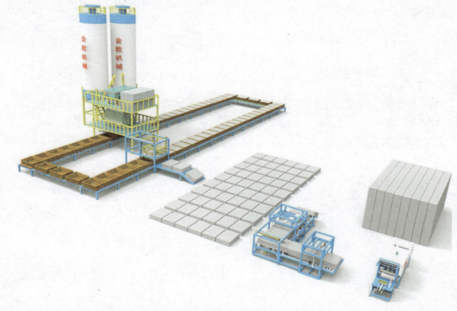

图 2.26　装配式建筑生产流程图

(a)

(b)

(c)

(d)   (e)

(f)

图 2.27　装配式建筑生产

2.2.5　构件的存放及运输

在装配式建筑的构件生产完成后,构件的存放和运输就非常重要了。预制混凝土构件如果在存储、运输、吊装等环节发生损坏将很难修补,既耽误工期又会造成经济损失。因此,大型预制混凝土构件的存储方式和存放场地与物流组织非常重要。

1）构件主要存储方式

目前,国内的装配式建筑预制混凝土构件的主要储存方式有车间内专用储存架或平层叠放,室外专用储存架、平层叠放或散放等方式。如果储存方式或专用的储存架不合理,将对构件产生不良影响(例如,储存时损坏了构件的定位孔或连接钢筋,构件将不能正常使用)。因此,必须找好储存的场地,确定合理的储存方式。装配式建筑的构件存放如图 2.28 所示。

（a）车间内用储存架存放

（b）车间内平层叠放

（c）室外平层叠放

（d）室外散放

图 2.28　构件的存放

2）构件的运输

（1）构件运输准备工作

构件运输的准备工作主要包括制订运输方案、设计并制作运输架、验算构件承载力、清查构件及察看运输路线。

①制订运输方案:此环节需要根据运输构件实际情况、装卸车现场及运输道路的情况、施工单位或当地的起重机械和运输车辆的供应条件以及经济效益等因素综合考虑,最终选定运输方法、选择起重机械(装卸构件用)、运输车辆和运输路线。运输线路的制订应按照客户指定的地点及货物的规格和重量制订特定的路线,确保运输条件与实际情况相符。

②设计并制作运输架:根据构件的重量和外形尺寸进行设计制作,且尽量考虑运输架的通用性。

③验算构件承载力:对钢筋混凝土屋架和钢筋混凝土柱子等构件,应根据运输方案所确定的条件,验算构件在最不利截面处的抗裂度,避免在运输中出现裂缝。如有出现裂缝的可能,应进行加固处理。

④清查构件:清查构件的型号、质量和数量,有无加盖合格印章和出厂合格证书等。

⑤察看运输路线:在运输前再次对路线进行勘查,对于沿途可能经过的桥梁、桥洞、电缆、车道的承载能力,通行高度、宽度、弯度和坡度,沿途上空有无障碍物等实地考察并记载,制订出最佳顺畅的路线。这需要实地现场的考察,如果凭经验和询问很有可能发生意料之外的事情,有时甚至需要交通部门的配合,因此这点不容忽视。在制订方案时,每处需要注意的地方需要注明。如不能满足车辆顺利通行,应及时采取措施。此外,应注意沿途是否横穿铁道,如有应查清火车通过道口的时间,以免发生交通事故。

(2)构件主要运输方式

装配式建筑构件的运输方式是指构件在运输过程中的摆放方式,不同类型的构件在运输过程中的摆放方式是不同的。应根据构件的类型、大小和材料性质建立科学合理的运输方案。

①立式运输方式:在低盘平板车上安装专用运输架,墙板对称靠放或者插放在运输架上。对于内、外墙板和PCF板等竖向构件多采用立式运输方案,如图2.29所示。

图2.29 立式运输方式

②平层叠放运输方式:将预制构件平放在运输车上,一件一件往上叠放在一起进行运输。叠合板、阳台板、楼梯、装饰板等水平构件多采用平层叠放方式运输。叠合楼板,标准6层/叠,不影响质量安全可到8层,堆码时按产品的尺寸大小堆叠;预应力板:堆码8~10层/叠;叠合梁,2~3层/叠(最上层的高度不能超过挡边一层),考虑是否有加强筋向梁下端弯曲,如图2.30所示。

除此之外,对于一些小型构件和异型构件,多采用散装方式进行运输。

(3)控制合理运输半径

①合理运距的测算。合理运距的测算主要是以运输费用占构件销售单价比例为计算参数。通过运输成本和预制构件合理销售价格分析,可以较准确地测算出运输成本占比与运输距离的关系,根据国内平均或者世界上发达国家占比情况反推合理运距,见表2.1。

图 2.30　平层叠放运输方式

表 2.1　预制构件合理运输距离分析表

项　目	近运距	中距离	远距离	较远距离	超远距离
运输距离(km)	30	60	90	120	150
运费(元/车)	1 100	1 500	1 900	2 300	2 650
运费[元/(车·km)]	36.7	25.0	21.1	19.2	17.7
平均运量(m³/车)	9.5	9.5	9.5	9.5	9.5
平均运费(元/m³)	116	158	200	242	252
水平预制构件市场价格(元/m³)	3 000	3 000	3 000	3 000	3 000
水平运费占构件销售价格比例(%)	3.87	5.27	6.67	8.07	8.40

在预制构件合理运输距离分析表中,预制构件每立方米综合单价平均按 3 000 元计算(水平构件较为便宜,为 2 400~2 700 元;外墙、阳台板等复杂构件为 3 000~3 400 元)。以运费占销售额 8% 估计的合理运输距离约为 120 km。

②合理运输半径测算。从预制构件生产企业布局的角度,合理运输距离由于还与运输路线相关,而运输路线往往不是直线,运输距离还不能直观地反映布局情况,故提出了合理运输半径的概念。

从预制构件厂到预制构件使用工地的距离并不是直线距离,况且运输构件的车辆为大型运输车辆,因交通限行、超宽超高等原因经常需要绕行,所以实际运输线路更长。

根据预制构件运输经验,实际运输距离平均值比直线距离长 20% 左右,因此将构件合理运输半径确定为合理运输距离的 80% 较为合理。因此,以运费占销售额 8% 估算合理运输半径约为 100 km。合理运输半径为 100 km 意味着,以项目建设地点为中心,以 100 km 为半径的区域内的生产企业,其运输距离基本可以控制在 120 km 以内,从经济性和节能环保的角度来看,处于合理范围。

总的来说,国内的预制构件运输与物流的实际情况还有很多需要提升的地方。目前,虽然有个别企业在积极研发预制构件的运输设备,但总体来看还处于发展初期,标准化程度低,存储和运输方式较为落后。同时,受道路、运政策及市场环境的限制和影响,运输效率不高,构件专用运输车还比较缺乏且价格较高。

【综合案例】

建筑工业4.0——智能化时代

随着建筑3.0时代将建筑施工设备提升至数字化、智能化及机器人化,先进的信息技术与智能化技术广泛落地到建筑工程的勘测、规划、设计、设备选型、施工建设、资源配置,直至最终建筑交付和后期维护升级改建等各个环节,构建起全链条、全方位、全生命周期的智能化建筑时代。这个时代,传统的建筑行业上下游界限将淡化甚至消失,会产生各种新的活动领域和合作形式,创造新价值的过程正在发生改变,产业链分工将被重组,建筑产业各个上下游环节真正实现全产业链的整合,仅仅承担施工建造的"建筑公司"将会消失,取而代之的或许是掌握核心施工工艺和工法的建筑工程机器人企业及智能装备企业。建筑4.0时代是从需求到全生命周期终结"一键"实现的时代。这个时代,谁掌握了核心科技,谁就将引领建筑行业的发展。

思考探究:同学们,在建筑工业4.0——智能化时代需要具备数字化和信息化下的建筑专业技术能力,所以大家需要学习哪些专业知识呢?

任务2.3 装配式建筑的施工

施工工具

装配式建筑施工是将建筑物预制构件加工完毕后,运输至施工现场,结合构件安装知识,进行装配。与传统现浇建筑相比,装配式建筑施工具有以下优越性和局限性。

(1)装配式建筑施工的优越性

①构件可在工厂内进行产业化生产,施工现场可直接安装,方便快捷,可缩短施工工期。

②构件在工厂采用机械化生产,产品质量更易得到有效控制。

③周转料具投入量减少,料具租赁费用降低。

④减少施工现场湿作业量,有利于环保。

⑤因施工现场作业量减少,可在一定程度上降低材料浪费。

⑥构件机械化程度高,可大大减少现场施工人员配备。

(2)装配式建筑施工的局限性

①因目前国内相关设计、验收规范等滞后施工技术的发展需要,装配式建筑在建筑物总高度及层高上均有较大的限制。

②建筑物内预埋件、螺栓等使用量有较大增加。

③构件工厂化生产因模具限制及运输(水平、垂直)限制,构件尺寸不能过大。

④对现场垂直运输机械要求较高,需使用较大型的吊装机械。

⑤构件采用工厂预制,预制厂距离施工现场不能过远。

2.3.1　集装箱式结构施工

集装箱式装配式建筑也称盒式建筑,是指用工厂化生产的集装箱状构件组合而成的全装配式建筑。所有的集装箱式构件均应在工厂预制,且每个集装箱式构件应该既是一个结构单元又是一个空间单元。结构单元意味着每一个集装箱式构件都有自身的结构,可以不依赖于外部而独立支撑;空间单元意味着根据不同的功能要求,集装箱式构件内部被划分成不同的空间并根据要求装配上不同的设施。这种集装箱式构件内一切设备、管线、装修、固定家具均已做好,外立面装修也可以完成,将这些集装箱式构件运至施工现场,就像"搭建积木"一样拼装在一起,或与其他预制构件及现制构件相结合建成房屋。形象地说,在集装箱式结构建筑中一个"集装箱"类似于传统建筑中的砌块,在工厂预制以后,运抵现场进行垒砌施工,只不过这种"集装箱"不再只是一种建筑材料,还是一种空间构件。这种构件是由顶板、底板和四面墙板组成,是六面体形(也有的做成五面和四面体),外形与集装箱相似。这种集装箱式构件,只需要在工厂成批生产一些六面、五面或四面的型体,以一个房间大小为空间标准,在现场将其交错叠砌组合起来,再统一连接水、暖、电等管线,就能建成单层、多层或高层房屋建筑。

集装箱式装配式建筑的建造主要包括工厂预制、构件运输和现场装配 3 部分,如图 2.31 所示。

(a)工厂预制　　　　　　　　　　　　　　(b)构件运输

(c)现场装配　　　　　　　　　　　　　　(d)装配完成

图 2.31　集装箱式装配式建筑的建造

1)集装箱式装配式建筑发展概况

1967 年,加拿大蒙特利尔市建成了一个由 354 个集装箱式构件组成的,包含了商店等公共设施在内的综合性居住体——"Habitat 67"（67 号栖息地）。这座钢筋混凝土集装箱建筑充分发挥了"集装箱"作为一种结构形式和建筑造型手段的作用，创造出了前所未有的建筑形象。"67 号栖息地"由建筑师穆时·萨夫迪（Moshe Safdie）设计建造，建造的目的是要保证每个家庭在现代城市人口高度密集的条件下，生活得舒适些，即得到更多的新鲜空气、阳光和绿荫。在城市范围内给予人们想要到城外去找寻的，而在现代公寓中无法找到的东西。建筑物由许许多多"集装箱"小单元堆积而成，每一个"集装箱"就是一所隔离开来的住宅，经过巧妙安装，在这里每一所"集装箱"住宅的屋顶都成为另一所住宅的花园或儿童游戏场所，并且每一家的花园平台都相对独立，相互之间不受别人视线的干扰，如图 2.32 所示。

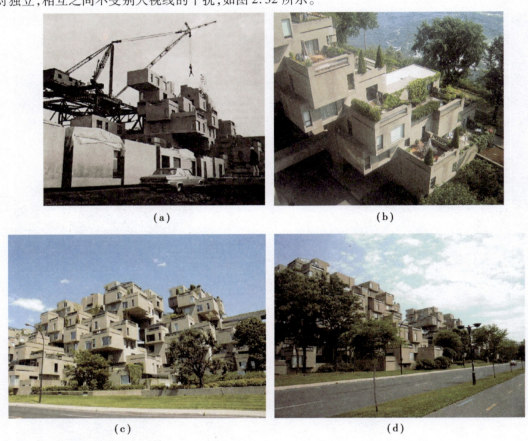

（a）　　　　　　　　　　　　　　　　　　　（b）

（c）　　　　　　　　　　　　　　　　　　　（d）

图 2.32　加拿大蒙特利尔市"67 号栖息地"

1972 年，日本建筑师黑川纪章与运输集装箱生产厂家合作，大量采用在工厂预制建筑构件并在现场组建的方法，在东京建成了舱体大楼（Capsule Tower）。该建筑由 140 个舱体构成，所有的家具和设备都单元化，收纳在 2.3 m×3.8 m×2.1 m 的居住舱体内，作为服务中核的双塔内设有电梯、机械设备和楼梯等。楼体上部的舱体利用起重机安装而成。每个舱体下面由两个托架支撑着，而上面仅由两个螺丝固定。每个舱体的内部装修力求新颖奇特，墙、床、天花板集成一体化，屋内的墙角为圆角。除组合浴室之外，不锈钢洗碗槽、百叶窗、床垫等家具全部为特别定制，如图 2.33 所示。

1973 年，在匈牙利举行了集装箱式建筑的国际讨论会，20 世纪 70 年代中期有较大的发展，现已有 30 余个国家或地区建成不同类型的集装箱式构件房屋,其中以居住房屋为多,也有少量公共建筑和工业建筑。集装箱式构件房屋在美国是从活动房屋演变而成,但在大多数国家则从装配式建筑发展而来。起初采用木或钢制的为多,现在大多采用钢筋混凝土的集装箱式构件,也有的是采用铝合金、塑料或用玻璃纤维增强的塑料制成。罗马尼亚和苏联建造的钢筋混凝土集装箱式构件房屋能安全地承受 7~8 度的地震荷载。

目前,世界上已有 30 多个国家修建了集装箱式构件房屋,生产集装箱式构件较多的国家也有 20 多个。集装箱式构件的使用范围也由低层发展到多层乃至高层。有的国家已建到 20 层以上。加拿大有规模庞大的集装箱式构件综合体,苏联甚至出现了集装箱式构件建筑小区,并逐渐由城市推广到了农村。我国自 1979 年起,在青岛、南通、北京等地,陆续试建了几栋集装箱式构件房屋。总建筑面积 1 634.8 m²,1982 至 2015 年又新建集装箱式构件住宅楼约 15 000 m²。青岛也用钢筋混凝土杯形构件建造了一栋住宅楼,并已试制钢筋混凝土隧道形集装箱式构件。现已建成的北京丽都饭店属于轻型集装箱式构件建筑,第一期工程共用引进的钢构架轻型集装箱式构件 500 多个。

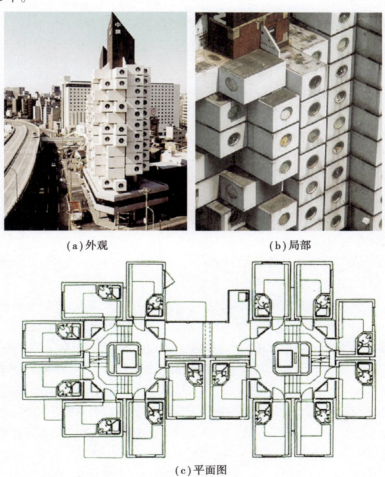

(a)外观　　　　　　　　(b)局部

(c)平面图

一个集装箱单元   (d)内部装饰

图2.33 东京舱体大楼

2）集装箱式结构的优缺点

（1）优点

①施工速度快：以一栋3 000 m²的住宅楼为例，从基础开挖到交付使用，一般不超过4个月，最快的仅为2~3个月，而其主体结构在1个星期就可以摞起来。不仅加快了施工速度，也大大缩短了建设周期和资金周转时间，节约了常规建设成本。

②装配化程度高：装配程度可达85%以上，修建的大部分工作，包括水、暖、电、卫等设施安装和房屋装修都移到工厂完成，施工现场只余下构件吊装、节点处理，接通管线就能使用。

③自重较轻：箱形构件是一种空间薄壁结构，与传统砖混建筑相比，可减轻结构自重30%以上。

④工程质量容易控制：由于房屋构件是在预制构件厂内采用工业化生产的方式制作，材料品质稳定，操作工人的素质对成品质量的影响较小。因此，从构件出厂到安装施工的质量易于全程控制，更不易出现意外的结构质量事故。

⑤建筑造价低：建筑造价与砖混结构住宅的建筑造价相当或略低，普通多层砖混结构住宅建筑造价约800元/m²，而多层集装箱式结构住宅一般不超过800元/m²。

⑥使用面积大：集装箱式结构房屋完全不同于人们常见的"活动板房"，其规格、模数及建筑面积可与普通砖混住宅的房间相同，但在其相同建筑面积的条件之下，初级集装箱式结构实际使用面积可以增加5%以上。

⑦建筑节能效果明显：集装箱式钢筋混凝土房屋构件的外墙和建筑物山墙，皆可采用导热系数很低的聚苯乙烯泡沫板做保温隔热处理。据测算，若推广使用10万m²的集装箱式结构建筑物代替砖混结构，可节约烧制黏土砖的土地125亩（1亩≈666.67 m²，下同），标准煤43 752 t。节约了能源和土地，减少了大气污染，有助于实现中国政府节能减排的目标。

⑧绿色文明施工：施工现场产生的建筑垃圾、粉尘、噪声等环境危害大大下降，有利于现场绿色建筑施工环保要求的具体实施，大幅减少施工引起的扰民等环境危害。施工现场占地减

少、用料减少、湿作业减少,明显减少施工车辆和机械的噪声等不利于现场文明的因素,对施工现场周围的环境干扰极小。

⑨主体结构施工安装不受气候限制:整体房屋项目建造过程中 80% 的施工阶段,可无须考虑气候条件的影响。

⑩方便拆迁:有建筑物拆迁需要时,无论是永久性的还是临时性的集装箱式结构建筑,都可以化整为零,拆迁搬家易地重建,以适应城市规划建设的需要。被拆迁集装箱式构件基本完好的可二次或重复利用,可以大大降低拆迁成本、二次建造施工成本,大幅度降低因此而带来的建筑垃圾粉尘、噪声等系列污染或毁田等环境问题。

(2)缺点

①预制工厂投资大。

②运输、安装需要大型设备。

3)集装箱式结构施工

(1)集装箱式构件类型

集装箱式构件根据受力方式不同,分为无骨架体系和骨架体系。

①无骨架体系(图2.34):一般由钢筋混凝土制作,目前最常用采用整体浇筑成型的方法,使其形成薄壳结构,适合低层、多层和≤18 层的高层建筑。钢筋混凝土集装箱式构件的制造工艺现多采用钟罩式(顶板带四面墙)、卧杯式(顶板、底板带三面墙),也有从房间宽度中间对开侧转成型为两个钟罩然后拼成构件的。个别的采用杯式(底板及四面墙)成型法,或先预制成几块板或环,然后拼装成为构件的。钟罩式的底板、卧杯式的外墙、杯式中的顶板都是预制平板,用螺栓或焊件与构件连接(图2.35)。

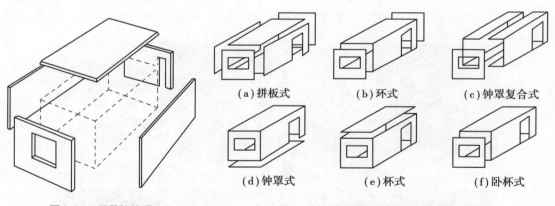

图 2.34　无骨架体系　　　　图 2.35　无骨架体系构件生产工艺示意图

②骨架体系(图2.36):通常用钢、铝、木材、钢筋混凝土作为骨架,用轻型板材围合形成集装箱式构件,这种构件质量很轻,仅 100 ~ 140 kg/m²。

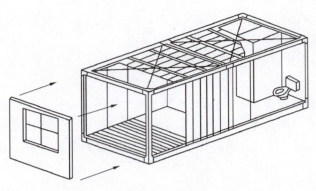

图2.36　骨架体系

（2）集装箱式构件生产

集装箱式构件在预制工厂生产，经过结构构件连接，防水层、保温隔热层铺装，管道安装，门窗安装，地砖铺贴，装饰面板铺贴等工序，一个个集装箱式构件就生产出来了。预制生产时需注意：

①所用材料需符合各项有关规定。

②构件尺寸需符合设计要求，偏差不能超过允许范围。若偏差过大，将严重影响现场构件拼装。

③构件整体强度和刚度不仅要满足使用阶段要求，还要满足吊装运输要求，防止构件在运输吊装过程中出现严重变形和损坏。

④各部件须安装牢固，防止在运输和吊装过程中出现变形和掉落。

生产好的集装箱式构件经检验合格后按品种、规格分区分类存放，并设置标牌，如图2.37所示。

图2.37　集装箱式构件工厂标准化生产示意图

（3）集装箱式构件运输

集装箱式构件的运输应符合下列规定：

①应根据构件尺寸及重量要求选择运输车辆，装卸及运输过程应考虑车体平衡。

②运输过程应采取防止构件移动或倾覆的可靠固定措施。

③构件边角部及构件与捆绑、支撑接触处宜采用柔性垫衬加以保护。

④运输道路应平整并应满足承载力要求。

集装箱式构件运输如图 2.38 所示。

图 2.38　集装箱式构件运输

（4）集装箱式结构装配

集装箱式装配式建筑的装配大体有以下几种方式：

①上下集装箱式构件重叠装配［见图 2.39(a)］。

②集装箱式构件相互交错叠置［见图 2.39(b)］。

③集装箱式构件与预制板材进行装配［见图 2.39(c)］。

④集装箱式构件与框架结构进行装配［见图 2.39(d)］。

⑤集装箱式构件与筒体结构进行装配［见图 2.39(e)］。

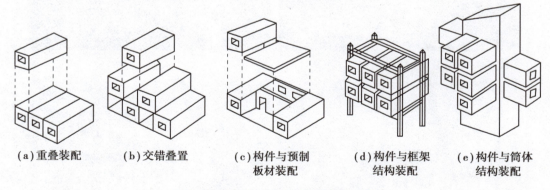

（a）重叠装配　　（b）交错叠置　　（c）构件与预制　　（d）构件与框架　　（e）构件与筒体
　　　　　　　　　　　　　　　　　　板材装配　　　　　结构装配　　　　　结构装配

图 2.39　集装箱式装配式建筑的装配方式

应根据建筑物的功能、层数、结构体系等因素合理选择装配方案。对于单层或层数较少的建筑，通常采用上下集装箱式构件重叠装配或集装箱式构件相互交错叠置，对于层数较多的建筑，通常采用集装箱式构件与预制板材进行装配、集装箱式构件与框架结构进行装配或集装箱式构件与筒体结构进行装配，如图 2.40、图 2.41 所示。

图2.40　上下集装箱式构件重叠装配

图2.41　集装箱式构件与筒体结构进行装配

装配前应完成建筑物基础部分的施工,预埋件应安装就位,装配时应注意:

①临时支撑和拉结应具有足够的承载力和刚度。

②吊装起重设备的吊具及吊索规格应经验算确定。

③构件起吊前应对吊具和吊索进行检查确认合格后方可使用。

④应按构件装配施工工艺和作业要求配备操作工具及辅助材料。

集装箱式装配式建筑装配如图2.42所示。

施工准备

(a)

(b)

(c)

(d)

索具、吊具和机具的配置

(e)   (f)

图 2.42　集装箱式装配式建筑装配

2.3.2　PC 结构施工

PC(Precast Concrete)结构是预制装配式混凝土结构的简称,是以混凝土预制构件为主要构件,经装配、连接以及部分现浇而成的混凝土结构。PC 构件种类主要有预制柱、预制梁、预制叠合楼板、预制内墙板、预制外墙板、预制楼梯、预制空调板。

1)PC 结构的优点

PC 结构与传统现浇混凝土结构比具有以下优点:

①品质均一:由于工厂严格管理和长期生产,可以得到品质均一且稳定的构件产品。

②量化生产:根据构件的标准化规格化,使生产工业化成为可能,实现批量生产。

③缩短工期:住宅类建筑,主要构件均可以在工厂生产到现场装配,比传统工期缩短 1/3。

④施工精度:设备、配管、窗框、外装等均可与构件一体生产,可得到很高的施工精度。

⑤降低成本:因建筑工业化的量产,施工简易化减少劳动力,两方面均能降低建设费用。

⑥安全保障:根据大量试验论证,在抗震、耐火、耐风、耐久性各方面性能优越。

⑦解决技工不足:随着多元经济发展,人口红利渐失,建筑工人短缺问题严重,PC 结构正好可以解决这些问题。

2)PC 结构施工方法分类

从建筑物结构形式及施工方法上 PC 结构施工方法大致可分为 4 种:

①剪力墙结构预制装配式混凝土工法,简称 WPC 工法。

②框架结构预制装配式混凝土工法,简称 RPC 工法。

③框架剪力墙结构预制装配式混凝土工法,简称 WRPC 工法。

④预制装配式铁骨混凝土工法,简称 SRPC 工法。

(1)WPC 工法

WPC 工法即剪力墙结构预制混凝土工法(见图 2.43)。用预制钢筋混凝土墙板来代替结构中的柱、梁,能承担各类荷载引起的内力,并能有效控制结构的水平力,局部狭小处现场充填一定强度的混凝土。它是用钢筋混凝土墙板来承受竖向和水平力的结构,因此需要每一层完全结束后才能进行下一层的工序,现场吊车会出现怠工状态,适用于 2 栋以上的建筑,这样才能够有效利用施工设备。

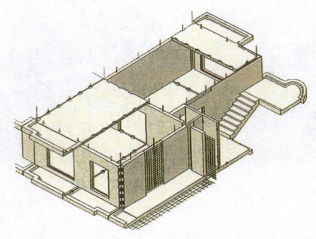

图 2.43　WPC 工法示意图

（2）RPC 工法

RPC 工法即框架结构预制装配式混凝土工法（见图 2.44），是指预制梁和柱在施工现场以刚接或者铰接相连接而成构成承重体系的结构工法。由预制梁和柱组成框架共同抵抗使用过程中出现的水平荷载和竖向荷载，墙体不承重，仅起到围护和分隔作用。此种工法要求技术及成本都比较高，故多与现场浇筑相结合。比如梁、楼板均做成叠合式，预留钢筋，现场浇筑成整体，并提高刚性。多用于高层集合住宅或写字楼，可实现外周无脚手架，大大缩短工期。

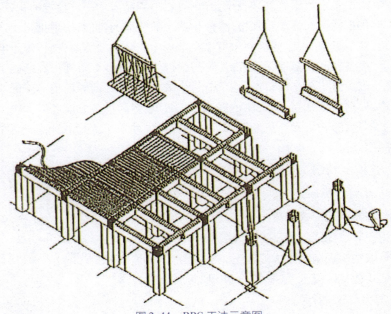

图 2.44　RPC 工法示意图

（3）WRPC 工法

WRPC 工法即框架剪力墙结构预制装配式混凝土工法（见图 2.45），是框架结构和剪力墙结构两种体系的结合，吸取了各自的长处，既能为建筑平面布置提供较大的使用空间，又具有良好的抗侧力性能。适用于平面或竖向布置繁杂、水平荷载大的高层建筑。

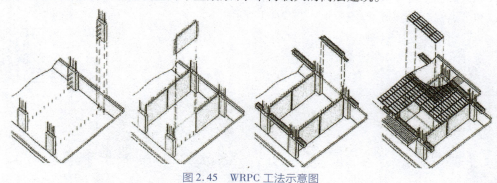

图2.45　WRPC工法示意图

（4）SRPC工法

SRPC工法即预制装配式钢骨混凝土工法（见图2.46），是将钢骨混凝土结构的构件预制化，与RPC工法的区别是，通过高强螺栓将构件现场连接。通常是每3层作为一节来装配，骨架架设好之后才能进行楼板及墙壁的安装。此工法适用于高层且每层户数较多的住宅。

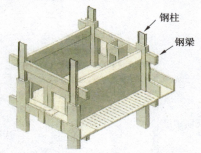

钢柱

钢梁

图2.46　SRPC工法示意图

竖向预制构件
施工（一）

3）PC结构施工要点

PC结构装配式建筑一般仍采用现浇钢筋混凝土基础，以保证预制构件接合部位的插筋、预埋件等准确定位。PC构件装配的首要环节是现场吊装，在进行吊装时首先应确保起重机械选择的正确性，避免因机械选择不当导致的无法吊装到位甚至倾覆等严重问题。PC构件吊装过程中，应结合具体预埋构件的实际情况选择起吊点，保证吊装过程中PC构件的水平度与平稳性。在吊装过程中应充分规划施工空间区域，轻起轻放，避免因用力不均造成的歪斜或磕碰问题。在吊装的过程中，应不断进行精度调整，在定位初期应使用相应的测量仪器进行控制。当前主要的PC构件吊装定位仪器为三向式调节设备，能够确保吊装定位的准确性。

作为PC构件装配过程中的关键部分，连接点施工是极易出现质量问题的环节，同时也是预制装配式高层住宅建筑施工的重点。现阶段，此部分连接施工主要分为干式连接和湿式连接两种形式。其中，干式连接仅通过PC构件的拼接与紧固，借助连接固件完成结构成型，节省了施工现场节点处混凝土浇筑施工步骤。与此相对应，湿式连接指的是在吊装定位与拼接紧固完成后，施工人员在节点位置进行混凝土浇筑，通过混凝土材料的成型聚合完成建筑结构体系成型。在实际施工环节中，上述两种方式应有针对性地选择应用。

标准层施工时，每层PC构件按预制柱→预制梁→预制叠合楼板→预制楼梯→预制阳台→

预制外墙板的顺序进行吊装和构件装配,装配完毕后需按设计要求进行预制叠合楼板面层混凝土浇筑和节点混凝土浇筑,如图 2.47—图 2.60 所示。

图 2.47　预制柱吊装

图 2.48　预制柱对接

图 2.49　预制梁吊装

图 2.50　预制梁、柱连接

图 2.51　预制墙体吊装

图 2.52　预制墙体固定

图 2.53　预制楼板吊装

图 2.54　预制叠合楼板安装完毕

水平预制构件施工

图 2.55　预制楼梯吊装

图 2.56　预制楼梯对接

预制楼梯施工

图 2.57　预制外墙吊装

图 2.58　预制外墙固定

图 2.59　节点处浇筑混凝土　　　　图 2.60　预制叠合楼板混凝土面层浇筑

　　由于在工厂预制 PC 构件时已经将门、窗、空调板、保温材料、外墙面砖等功能性和装饰性的组件安装在 PC 构件上了,因此与传统现浇钢筋混凝土建筑相比,PC 结构装配式建筑装配完毕后只需要少许工序便能完成整个建筑的施工,节省了施工时间,同时也降低了建筑施工成本。

　　值得注意的是,采用预制 PC 构件装配时,为了保证节点的可靠性,以及建筑的整体性能,在节点处和叠合楼板面层通常会采用现浇混凝土的方式(见图 2.59、图 2.60)。这种部分采用现浇混凝土以增强结构整体性能的方式,除了用于节点和叠合楼板外,还能用于剪力墙叠合墙板的施工。下文实例中的上海青浦新城某商品房项目采用的就是这种方法。

4)PC 结构应用实例

　　上海青浦新城某商品房项目总用地面积 27 938.2 m²,包括 8 栋 16 ~ 18 层装配式住宅、一座地下车库、一座垃圾房和一座变电站,总建筑面积 83 218.35 m²,其中地上建筑面积 56 917.49 m²,地下建筑面积为 26 300.86 m²。项目建筑面积 100% 实施装配式建筑,单体预制混凝土装配率≥30%。

　　小区住宅楼层数主要为 16 ~ 18 层,标准层层高 2.95 m。户型以一梯四户和一梯两户为主,每单元设 2 台电梯和 1 部疏散楼梯,地下一层为机动车与非机动车库及设备用房。

　　住宅房型设计以标准化模块化为基础,以可变房型为设计原则。住宅 3 层以下竖向构件采用现浇,顶层屋面采用现浇,其余楼层采用预制。立面造型风格简洁明快,具有工业化建筑的特点,如图 2.61 所示。

(a)　　　　　　　　　　　　　　　(b)

图 2.61　项目效果图

项目设计围绕基于工业化建筑的标准模数系列,形成标准化的功能模块,设计了标准的房间开间模数,标准的门窗模数,标准的门窗洞口尺寸,标准的交通核模块,标准的厨卫布置模块,并将这些标准化的建筑功能模块组合成标准的住宅单元,各功能模块的详细尺寸如图 2.62 所示。

根据标准化的模块,再进一步拆分标准化的结构构件,形成标准化的楼梯构件、标准化的空调板构件、标准化的阳台构件,大大减少结构构件数量,为建筑规模化生产提供了基础,并显著提高构配件的生产效率,有效地减少材料浪费,节约资源,节能降耗,如图 2.63 所示。

该地块所有住宅单体皆采用装配式剪力墙结构体系,主要预制构件包含叠合墙板、全预制剪力墙、叠合楼板、叠合梁、预制阳台、预制空调板、预制楼梯,单体预制率皆大于 30%。

房型面积 (m²)	房型类型	标准化元素	起居厅 (mm)	餐厅 (mm)	主卧室 (mm)	卧室 (mm)	卧室 (mm)	卧室 (mm)
75	两房 一厅	开间	3 600	3 600	3 300	2 700	□	□
		门窗	2 100	无外窗	1 500	1 500	□	□
		进深	4 800	3 000	3 600	3 100	□	□
95	三房 一厅	开间	3 600	2 900	3 300	2 700	2 700	□
		门窗	2 100	1 500	1 500	1 500	1 500	□
		进深	4 500	2 650	3 300	3 300	2 500	□
115	三房 两厅	开间	4 000	2 900	3 600	3 000	3 000	□
		门窗	2 400	1 500	1 800	1 500	1 500	□
		进深	6 300	3 300	3 600	3 600	2 700	□

图 2.62　房型标准化表(部分)

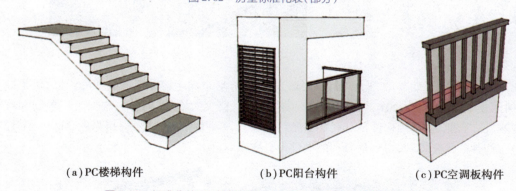

(a)PC 楼梯构件　　　　(b)PC 阳台构件　　　　(c)PC 空调板构件

图 2.63　标准化的 PC 楼梯构件、PC 阳台构件和 PC 空调板构件

该项目结构体系由叠合墙板和叠合楼板为主,辅以必要的现浇混凝土剪力墙、边缘构件、梁、板,共同形成剪力墙结构,如图 2.64 所示。

叠合墙板,由内外叶两层预制墙板与桁架钢筋制作而成。现场安装就位后,在节点连接区域采取规定的构造措施,并在内外叶墙板中间空腔内浇注混凝土,预制叠合墙板与边缘构件通过现浇段连接形成整体,共同承受竖向荷载与水平力作用。

图 2.64　结构三维模型示意图

叠合楼板,由底部预制层和桁架钢筋组合制作而成。运输至现场辅以配套的支撑进行安装,并在预制层上设置与竖向构件的连接钢筋、必要的受力钢筋以及构造钢筋,以其为模板浇筑混凝土叠合层,与预制层形成整体共同受力。

叠合墙板、叠合楼板充当现场模板,省去了现场支模拆模的烦琐工序,预制构件在制作过程中采用全自动流水线进行生产,工业化程度较高,是发展住宅工业化行之有效的方式,如图2.65、图 2.66 所示。

图 2.65　叠合墙板示意图

图 2.66　叠合楼板示意图

需要注意的是,如果 PC 构件较大,会增大工厂预制、道路运输和现场装配的难度,但是如果PC 构件较小,那么同一个建筑所需的 PC 构件数目就会大大增加,同样会增加工厂预制和现场装配难度。因此,合理的构件拆分就显得尤为重要。该项目中,通过内梅切克的 Allplan 工程软件进行构件的深化设计,得到最合理的构件拆分方案,如图2.67、图 2.68 所示。

(a)叠合墙板深化设计三维图

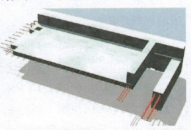

(b)预制阳台深化设计三维图

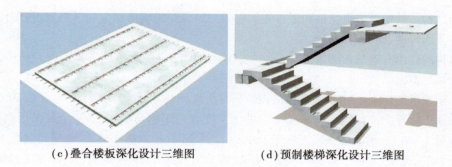

（c）叠合楼板深化设计三维图　　　　　（d）预制楼梯深化设计三维图

图 2.67　构件拆分图

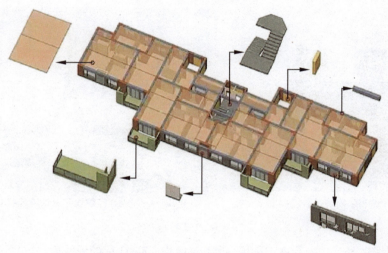

图 2.68　经深化设计得到最优的 PC 构件拆分方案

　　此外,为进一步提高装配式混凝土结构的经济性,考虑到现浇部分的结构边缘构件标准化,所有一字形构件尺寸为 200 mm×400 mm,L 形构件尺寸统一为 500 mm×500 mm,丁字形构件尺寸为 400 mm×400 mm,节约了铝模板的品种和数量,有效地减少了装配式建筑的造价,如图 2.69 所示。

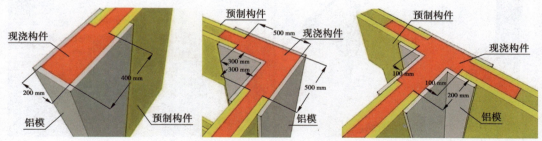

图 2.69　现浇节点标准化

2.3.3　钢结构施工

1）钢结构建筑的应用

装配式钢结构建筑又分为全钢（型钢）结构和轻钢结构,这里所说的钢结构指

装配式框架结构施工与安装技术工程案例

的是型钢结构。结构主要由型钢和钢板等制成的钢梁、钢柱、钢桁架等构件组成,各构件或部件之间通常采用焊缝、螺栓或铆钉连接。

钢结构的应用有着悠久的历史,大家所熟知的法国巴黎埃菲尔铁塔和美国纽约帝国大厦,主体结构都是型钢结构。

埃菲尔铁塔高 324 m,由很多分散的钢铁构件组成,钢铁构件有 18 038 个,重达 10 000 t,施工时共钻孔 700 万个,使用铆钉 259 万个。除了 4 个脚是用钢筋水泥之外,全身都用钢铁构成,塔身总质量 7 000 t。埃菲尔铁塔工程于 1887 年 1 月 28 日正式破土动工,基座建造花了一年半的时间,铁塔安装花了 8 个月多一点的时间,整个工程于 1889 年 3 月 31 日竣工,如图 2.70 所示。

(a)埃菲尔铁塔建造过程　　　　　　　　　　(b)巴黎埃菲尔铁塔现状

图 2.70　法国巴黎埃菲尔铁塔

帝国大厦楼高 381 m,总层数 102 层,1951 年增添了高 62 m 的天线后,总高度为 443.7 m,使用钢材 33 万 t。项目于 1930 年 1 月 22 日开始动工,1931 年 4 月 11 日完工,比计划提前了 12 天,其主体结构施工创造了每星期建 4 层半的建设速度,在当时的技术水平下是惊人的,如图 2.71 所示。

(a)帝国大厦建造过程　　　　　　　　　　(b)纽约帝国大厦现状

图 2.71　美国纽约帝国大厦

我国钢结构建筑发展大体可分为 3 个阶段:一是初盛时期(20 世纪 50—60 年代初);二是低潮时期(20 世纪 60 年代中后期—70 年代);三是发展时期(20 世纪 80 年代至今)。20 世纪 50 年代以苏联 156 个援建项目为契机,取得了卓越的建设成就。20 世纪 60 年代国家提出在建筑业节约钢材的政策,执行过程中又出现了一些误区,限制了钢结构建筑的合理使用与发展。20世纪 80 年代沿海地区引进轻钢建筑,国内各种钢结构的厂房、奥运会的一大批钢结构体育馆的建设,以及多栋高层钢结构建筑的建成是中国钢结构发展的第一次高潮。但我国每年的建筑用钢量仅 1% 被用于预制钢结构,与发达国家 80% 以上的用量比较,差距巨大。进入 2000 年后,我国国民经济显著增长,国力明显增强,钢产量成为世界大国,在建筑中提出了要"积极、合理地用钢",从此甩掉了"限制用钢"的束缚,钢结构建筑在经济发达地区逐渐增多。特别是 2008 年前后,在奥运会的推动下,出现了钢结构建筑热潮,强劲的市场需求,推动钢结构建筑迅猛发展,建成了一大批钢结构场馆、机场、车站和高层建筑。其中,有的钢结构建筑在制作安装技术方面具有世界一流水平,如奥运会国家体育场等建筑。奥运会后,钢结构建筑得到普及和持续发展,钢结构广泛应用到建筑、铁路、桥梁和住宅等方面,各种规模的钢结构企业数以万计,世界先进的钢结构加工设备基本齐全,如多头多维钻床、钢管多维相贯线切割机、波纹板自动焊接机床等,并且现在数百家钢结构制作特级和一级企业的加工制作水平具有世界先进水平。近几年,钢产量每年多达 6 亿多 t,钢材品种完全能满足建筑需要。根据国家产业政策发展要求,钢结构行业"十三五"整体发展规划目标是:2020 年,全国钢结构用量比 2014 年翻一番,达到 8 000 万 ~ 1 亿 t,占粗钢产量的比例超过 10%;钢结构出口量比 2014 年翻两番,达到 1 000 万 t,占钢结构总量的 10% 以上;钢结构用钢材从目前的"Q345+Q235"为主,过渡到"Q345+Q390"为主;钢结构设计、施工、检测监测等关键技术总体上达到国际先进水平,如图 2.72 所示。

图 2.72　央视新大楼钢结构装配

2) 钢结构的优缺点

与传统混凝土结构相比,钢结构具有以下优缺点:

(1) 优点

① 材料强度高,自身重量轻:钢材强度较高,弹性模量也高。与混凝土和木材相比,其密度与屈服强度的比值相对较低,因而在同样受力条件下钢结构的构件截面小,自重轻,便于运输和安装,适于跨度大、高度高、承载重的结构。

② 施工速度快:工期比传统混凝土结构体系至少缩短 1/3,一栋 1 000 m² 的住宅建筑只需 20 天,5 个工人就可完工。

③抗震性、抗冲击性好：钢结构建筑可充分发挥钢材延性好、塑性变形能力强的特点，具有优良的抗震抗风性能，大大提高了住宅的安全可靠性。尤其在遭遇地震、台风灾害的情况下，钢结构能够避免建筑物的倒塌性破坏。

④工业化程度高：钢结构适宜工厂大批量生产，工业化程度高，并且能将节能、防水、隔热、门窗等先进成品集合于一体，成套应用，将设计、生产、施工一体化，提高建设产业的水平。

⑤室内空间大：钢结构建筑比传统建筑能更好地满足建筑上大开间灵活分隔的要求，并可通过减少柱的截面面积和使用轻质墙板，提高面积使用率，户内有效使用面积提高约6%。

⑥环保效果好：钢结构施工时大大减少了沙、石、灰的用量，所用的材料主要是绿色、100%回收或降解的材料，在建筑物拆除时，大部分材料可以再用或降解，不会造成过多的建筑垃圾。

⑦文明施工：钢结构施工现场以装配式施工为主，建造过程大幅减少废水排放及粉尘污染，同时降低现场噪声。

（2）缺点

①耐腐蚀性差：钢结构必须注意防腐蚀，因此，处于较强腐蚀性介质内的建筑物不宜采用钢结构。钢结构在涂油漆前应彻底除锈，油漆质量和涂层厚度均应符合相关规范要求。在设计中应避免使结构受潮、漏雨，构造上应尽量避免存在有检查、维修的死角。新建造的钢结构一般间隔一定时间都要重新刷涂料，维护费用较高。

②耐火性差：温度超过250 ℃时，钢材材质发生较大变化，不仅强度逐步降低，还会发生蓝脆和徐变现象；温度达600 ℃时，钢材进入塑性状态不能继续承载。在有特殊防火需求的建筑中，钢结构必须采用耐火材料加以保护以提高耐火等级。

③施工技术要求高：由于我国现代建筑都是以混凝土结构为主，从事建筑施工的管理人员和技术人员对钢结构的制作和施工技术相对比较生疏，以民工为主的具体施工人员更不懂钢结构工程的科学施工方法，导致施工过程中的事故时常发生。

④钢材较贵：采用钢结构后结构造价会略有增加，这往往会影响业主的选择。其实上部结构造价占工程总投资的比例很小，总投资增加幅度约为10%。而以高层建筑为例，总投资增加幅度不到2%。显然，结构造价单一因素不应作为决定采用何种材料的依据。如果综合考虑各种因素，尤其是工期优势，则钢结构将日益受到重视。

3）钢结构施工

装配前应按结构平面形式分区段绘制吊装图，吊装分区先后次序为：先安装整体框架梁柱结构后楼板结构，平面从中央向四周扩展，先柱后梁、先主梁后次梁吊装，使每日完成的工作量可形成一个空间构架，以保证其刚度，提高抗风稳定性和安全性。

对于多高层建筑，在垂直方向上钢结构构件每节（以三层一节为例）装配顺序为：钢柱安装→下层框架梁→中层框架梁→上层框架梁→测量校正→螺栓初拧、测量校正、高强螺栓终拧→铺上层楼板→铺下、中层楼板→下、中、上层钢梯、平台安装。钢结构一节装配完成后，土建单位立即将此节每一楼层的楼板吊运到位，并把最上面一层的楼板铺好，从而使上部的钢结构吊装和下部的楼板铺设和土建施工过程有效隔离。

钢结构装配式建筑施工如图2.73所示。其中，楼板装配有两种方式：一种是在钢梁上铺设预制好的混凝土楼板［见图2.73（g）］；另一种是在钢梁上铺设压型钢板［见图2.73（h）］，再在压型钢板上铺设钢筋浇筑混凝土，使压型钢板和现浇混凝土形成一个整体，也称组合楼板。

（a）钢柱吊装　　　　　　　　　　　（b）钢柱连接

（c）钢梁吊装　　　　　　　　　　　（d）钢梁装配

（e）钢梁拼接调整　　　　　　　　　（f）钢梁拼接对焊组装

（g）预制混凝土楼板铺设　　　　　　（h）压型钢板铺设

图 2.73　钢结构施工

　　钢结构构件装配，主要包括钢柱、钢梁、楼梯的吊装连接、测量校正、压型钢板的铺设等工序，但是在钢结构装配的同时需要穿插土建、机电甚至外墙安装等部分的施工项目，所以在钢结构构件装配时必须与土建等其他施工位进行密切配合,做到统筹兼顾,从而高效、高质地完成施工任务。

2.3.4 轻钢结构施工

1)轻钢结构建筑的应用

轻钢结构建筑一般采用冷弯薄壁型钢或轻钢龙骨作为骨架形成框架结构,并布置柱间支撑保证其稳定性。楼层采用主次梁体系及组合楼盖,不上人屋面则采用檩条和压型钢板。内墙为轻质隔断墙,外墙则采用轻质保温板。由于冷弯薄壁型钢和轻钢龙骨截面面积小且较薄,因此承载力较小,一般用来装配多层建筑或别墅建筑。

轻钢结构低层住宅的建造技术是在北美木结构建造技术的基础上演变而来的,经过百年以上的发展,已形成了物理性能优异、空间和形体灵活、易于建造、形式多样的成熟建造体系(见图2.74、图2.75)。在世界上被誉为人居环境最好的北美大陆,有95%以上的低层民用建筑,包括住宅、商场、学校、办公楼等均使用木结构或轻钢结构建造。近年来,随着木材价格的节节攀升,北美轻钢结构体系的市场发展正以超过30%的增长率快速增长,逐步为市场所广泛接受。

图2.74　北美木结构住宅

图2.75　轻钢结构住宅

目前,发达国家的轻钢结构住宅产业化进一步升级,工业化程度很高,工地已不是建设工程的主战场。以瑞典为例,它是当今世界上最大的轻型钢结构住宅制造国,其轻型钢结构住宅的预制构件达95%,欧洲各国都到瑞典去定制住宅,通过集装箱发运回去安装。同时在日本、韩国及澳大利亚,轻钢结构也被大量采用,如图2.76—图2.78所示。

中国钢铁工业的产量已居于世界前列,但钢材在建筑业的使用比例还远低于发达国家的水平。随着我国钢产量的快速增长及新型建材的发展和应用,轻钢结构低层住宅体系正逐步发展起来并引起了广泛的关注,同时轻钢结构低层民用住宅建筑技术也符合国家对建筑业的产业导向,如图2.79、图2.80所示。

(a)

(b)

图2.76　轻钢结构多层公寓

（a）　　　　　　　　　　　　　（b）

图 2.77　轻钢结构多层酒店

（a）　　　　　　　　　　　　　（b）

图 2.78　轻钢结构别墅

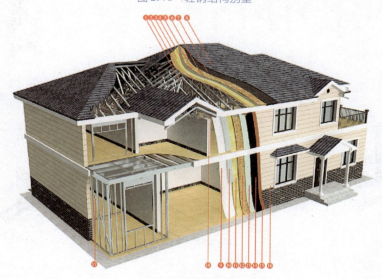

图 2.79　装配式轻钢结构建筑体系

1—轻钢龙骨;2—屋面 OSB 板;3—保温层;4—呼吸纸;5—通风层;
6—屋面 OSB 板;7—防水层;8—屋面沥青瓦;9—石膏板;10—轻钢龙骨;
11—隔音保温层;12—OSB 板(合成木料);13—保温层;14—呼吸纸;
15—木龙骨;16—外墙挂板;17—钢带;18—吊顶

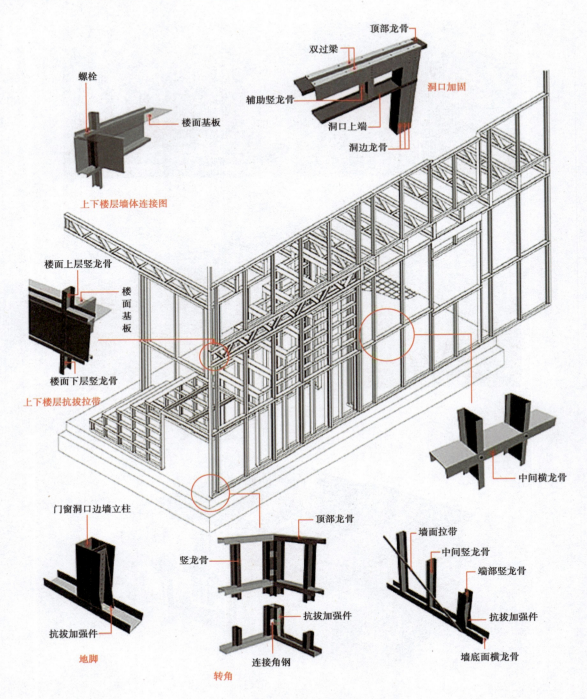

图 2.80 装配式轻钢结构建筑典型连接节点

2) 轻钢结构的优缺点

(1) 优点

①采用轻质薄壁型材,自重轻、强度高、结构性能好,抗震性能佳;且轻质高强材料占用面积小,建筑总重量较轻,可以降低基础处理的费用,降低建造成本。

②构件之间采用螺栓连接,安装简便,搬运重量小,仅需小型起重设备,现场施工快捷,一栋200 m² 房屋的施工周期在1个月之内。

③轻钢结构的生产工厂化和机械化程度高,商品化程度高。建房所需的主材都是在工厂生产的,原材料用机械设备加工而成,效率高,成本低,质量也有很好的保障。这些设备多半引进国外先进技术,很多大企业的新型房屋产品具有国际品质。

④住宅建筑风格灵活,外观多姿多彩,大开间人性化设计,满足不同用户的个性化要求。

⑤现场基本没有湿作业,不会产生粉尘、污水等污染。

⑥轻钢结构具有可移动性,如果遇到拆迁,轻钢房屋可以拆分为很多部件,运输到新地点后重新安装即可。因为这些部件都是通过螺丝和连接件连接到一起的,安装、拆卸非常简单。

⑦轻钢结构80%的材料可以回收再利用。从主材来看,钢材不会随着时间的流逝生虫或者变为朽木,若干年拆除后可以回收再利用,非常环保,也非常经济。

⑧轻钢结构适应性非常强,无论是在寒冷的东北,还是炎热的海南,都非常适用,只不过建筑的构造有所不同而已。

（2）缺点

①技术人员缺乏,轻钢结构是近几年在国内刚发展起来的新型结构,相应的技术规范、规程的编制工作相对滞后,多数设计人员钢结构知识陈旧,缺乏相关培训,对轻钢结构设计理论和计算方法不熟悉。

②严重依赖产业配套,比如预制墙板、屋面板、墙体内填保温材料、防火材料。国内现在流行的混凝土、砌体结构形式,墙体基本为现场湿法砌筑,而轻钢结构需要干法预制墙板。

③需要内装修材料、装置、方法的配套,比如将热水器、空调、画框安装到预制墙板上的方法和现在安装在砌体墙上的方法还是有很大差别的,再比如压型钢板楼面的防水做法、隔音做法等。

④需要定期检修维护,因为钢材的耐久性还是不如混凝土。

⑤跟传统混凝土建筑比,造价略贵。

3) 轻钢结构施工

盖房子首先要设计户型图纸,轻钢房屋也不例外。厂家将做好的CAD建筑设计图导入轻钢骨架生成软件中,软件自动将图纸生成轻钢骨架结构模型,解析成结构图。在结构图中每一根轻钢骨架的尺寸、形状、开洞位置与大小都有详细的说明,如图2.81—图2.83所示。

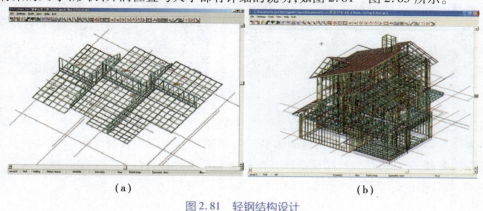

(a)　　　　　　　　　　　　　　(b)

图2.81　轻钢结构设计

然后在工厂预制轻钢龙骨,并分块组合。

（a）　　　　　　　　　　　　（b）

图 2.82　轻钢构件生产

（a）　　　　　　　　　　　　（b）

图 2.83　轻钢构件及组合

　　轻钢构件在工厂预制的同时,施工现场可以进行平整场地、基础施工、防水处理、管道铺设等工序。轻钢结构装配式建筑自重较轻,特别是轻钢别墅的自重很轻,不到砖混结构房屋重量的 1/4,因此和砖混结构房屋的地基有所不同,可以不用挖很深做基础,如图 2.84、图 2.85 所示。

图 2.84　轻钢结构混凝土基础浇筑

图 2.85　轻钢结构基础

　　待现浇混凝土基础达到一定强度后方可进行主体结构装配,装配顺序一般为:一层墙体装配→楼梯装配→二层楼面装配→二层墙体装配→屋架装配→屋面板材装配→墙体板材装配。如果建筑层数较多,在进行较高楼层墙体装配的同时还能进行较低楼层的墙体板材装配,缩短施工工期,节省造价,如图 2.86、图 2.87 所示。

（a）轻钢结构一层墙体装配

（b）轻钢结构楼梯装配

（c）轻钢结构楼面装配

（d）轻钢结构楼面装配完成

（e）轻钢结构二层墙体装配

（f）轻钢结构屋架装配

（g）轻钢结构屋面板材装配

（h）轻钢结构墙体板材装配

图 2.86　轻钢结构施工

(a) (b)

图2.87　轻钢结构装配完成

【综合案例】

某装配式钢结构住宅示范项目亮点分析

某省重点装配式示范项目总建筑面积约 13.7 万 m^2，其中地下室 3.8 万 m^2、地上 9.9 万 m^2；主体结构采用扁钢管混凝土柱框架—支撑结构体系；楼盖采用钢-混凝土组合楼盖；内、外墙为硅镁轻质隔墙板；飘窗、卫生间沉箱为 PC 预制构件，钢结构总用钢量约 1 万吨。项目采用多项自主研发的新技术、新工艺。

该项目在施工建设中的工程亮点分析：

亮点 1：扁钢管混凝土柱框架-支撑结构体系

将钢柱、钢梁全隐藏于墙体内，从外表上看，钢结构建筑与普通建筑并无区别。

亮点 2：钢管柱施工工艺、梁柱节点采用新型栓焊混合连接节点

作为装配式钢结构建筑试点项目，在钢柱对接节点上，采用了新式夹具固定塞焊安装法，这一施工方法的优点是施工现场不再需要硬性支撑及缆风绳，同时在梁柱节点上采用新型栓焊混合连接节点，其特点是节点不需设置柱内横隔板，制作简单，柱内混凝土浇灌更方便，施工速度快。

亮点 3：装配式钢筋桁架楼承板安装工艺

在安装前，设计人员首先通过软件进行预铺装，利用预铺装提前掌握材料用量、预制要求、边模节点处理等。之后根据楼承板铺设位置完成边模铺设、焊接角钢、绘制定位线、灌浆浇筑等步骤。项目所用钢筋桁架楼承板是在公司装配式钢结构加工基地完成组装后运至施工现场吊运安装的。

亮点 4：内外墙体施工工艺

内外墙采用硅镁加气混凝土条形板。优点有高强、轻质、保温隔热、隔音、安装便捷、砌筑功效高、墙面平整美观、防火性能好等，属环保材料。

思考探究：同学们还能想到哪些装配式建筑施工技术亮点？

任务2.4　装配式建筑设备

建筑设备是指建筑物内的给水、排水、消防、供热、通风、空气调节、燃气供应、供电、照明、通信等，为建筑物的使用者提供生活、生产和工作服务的各种设施和设备系统的总称。建筑设备

所涉及的专业包括建筑给排水、建筑电气(包括建筑强电、弱电)、建筑采暖、建筑通风与空调、建筑燃气供应等。

随着社会经济的发展,建筑中的设备(水电、消防设施、通信、网络、有线电视等)日趋复杂和完善。建筑设备对于现代建筑的作用,好比人的五脏对于人的作用。如果把建筑外形、结构及建筑装饰比作人的体形、骨骼及服饰,那么建筑设备可比作人的内脏器官。空调与通风好比人的呼吸系统,室内给排水好比人的肠胃系统,供配电好比人的供血系统,自动控制与弱电好比人的神经及视听系统。人的外形与内部器官和建筑外形与设备,均是互为依存,缺一不可。

装配式建筑设备所包含设备、设施系统的工作原理和作用等与传统建筑一样,其主要区别在设计与施工方面。本节重点介绍装配式建筑给排水设计与施工、装配式建筑电气设计与施工、装配式建筑暖通空调设计与施工。

2.4.1　装配式建筑给排水

1)给排水设计

一般的工程装配式建筑给排水设计项目的设计阶段可划分为 2 个阶段:初步设计阶段和施工图设计阶段。规模较大或较重要的工程项目,可分为 3 个阶段:方案设计阶段、初步设计阶段和施工图设计阶段。

与传统建筑给排水设计不同,装配式建筑给排水设计利用 BIM 技术将常规的二维图形转为三维可视化模型,各专业人员可通过清晰的三维模型正确、有效地理解设计的意图,协助各方及时、高效地决策;采用 BIM 技术的项目,各专业间、各工作成员间都在一个三维协同环境中共同工作,深化设计、修改可以实现联动更新,通过这种无中介及时的沟通方式,可以更大程度避免因人为沟通不及时而带来的设计错漏。各专业管线建立的模型可以通过各专业管线的综合排布,检查管线是否碰撞,检查管线与建筑、结构之间是否碰撞,如果发生碰撞则调整相撞管线,从而将施工阶段的问题提前至设计阶段解决。因此,装配式建筑给排水设计,将设计模式由传统的"设计→现场施工→提出更改→设计变更→现场施工"往复的模式,转变为"设计→工厂加工→现场施工"的新型模式。结合预制构件的特点,钢筋及金属件较多,因此,预埋套管、预留孔洞、预埋管件(包括管卡、管道支架、吊架等)均需在工厂加工完毕,给水排水专业需在施工图设计中完成预留部分细部设计。

装配式建筑给排水设计的主要步骤如下:

①根据建筑物的性质及给定的设计依据,确定室内与室外的给排水方案。

②进行给水系统、排水系统以及消防系统的设计计算。

③绘制给水、消防管网的总系统图和排水、雨水系统图;绘制给排水详图。

④形成建筑给排水管道系统整体模型,进行包括给排水管道之间、管道与建筑、管道与结构等其他专业之间碰撞检查。

⑤链接建筑项目,对管道系统各部件、各设备进行定位。

⑥确定给排水管道、管件等的预留洞和预埋套管等。

⑦整理设计图纸,统计总材料表,编写给排水工程设计说明及图纸目录。

⑧整理并完善设计计算说明书。

装配式建筑给排水大部分设计程序与传统建筑给排水设计一样,主要区别在建模及建模后的碰撞检查、预埋套管、预留孔洞和管道、设备的定位等步骤。

（1）建模后的碰撞检查

装配式建筑给排水设计中应用 BIM 技术的一大优势是设计中进行碰撞检查。在建筑给排水管道模型构建好了后，设计人员对模型进行包括管道之间、管道与建筑、管道与结构之间碰撞情况的检查分析，若生成中发生碰撞，则会在图纸上显示出来，设计人员及时地进行设计方案的调整，降低施工难度，如图 2.88 所示。

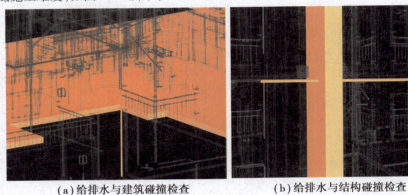

（a）给排水与建筑碰撞检查　　　　　　（b）给排水与结构碰撞检查

图 2.88　模型的碰撞检查

（2）管道、设备定位

利用 BIM 技术完成装配式建筑给排水设计模型，经碰撞检查调整完善后，通过链接建筑模型图，对给排水管道系统各部件进行定位，如图 2.89—图 2.91 所示。

由于预制混凝土构件是在工厂生产后运至施工现场组装的，和主体结构间靠金属件和现浇处理连接。因此，所有预埋件的定位除了要满足距墙面的要求、穿楼板穿梁的结构要求外，还要给金属件和现浇混凝土留有安装空间。

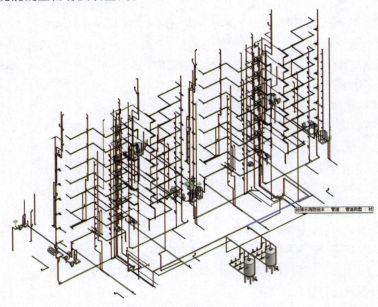

图 2.89　建筑给排水管道系统定位

图 2.90　建筑给排水管件定位　　　　　图 2.91　雨水排水管件定位

（3）预留孔洞、预埋套管

①给水、热水、消防给水管道

装配式建筑给水管道预留孔洞和预埋套管做法应根据室内或工艺要求及管道材质的不同确定,塑料管、复合管、铜管和薄壁不锈钢管预留孔洞和预埋套管设置一般原则如下:

a.给水管道穿越承重墙或基础时,应预留洞口,管顶上部净空高度不得小于建筑物的沉降量,一般不小于《建筑给水排水设计手册》及相关规范规定的距离。

b.穿越地下室外墙处应预埋刚性或柔性防水套,且应按照《防水套管》(02S404)相关规定选型。

c.穿越楼板、屋面时应预留套管,一般孔洞或套管大于管外径 50～100 mm。

d.垂直穿越梁、板、墙(内墙)、柱时应加套管,一般孔洞或套管大于管外径 50～100 mm;消防管道预留孔洞和预埋套管做法与给水管道一样,热水管道除应满足上述要求外,其预留孔洞和预埋套管应考虑保温层厚度。若管材采用交联聚乙烯(PF-X)管时,还应考虑其管套厚度。

②排水管道

装配式建筑排水系统设计应尽量采用同层排水,减少排水管道穿楼板,立管应尽量设置在管井、管窿内,以减少预制构件的预留、预埋管件。塑料排水管道预留洞和预埋套管的做法根据《建筑排水用硬聚氯乙烯(PVC-U)管道安装(96S406)》及相关标准规范确定,铸铁排水管道预留洞和预埋套管的做法管可参见《建筑排水用柔性接口铸铁管安(04S409)》及相关标准规范确定。排水管道预留洞和预埋套管的确定一般可遵循以下原则:排水管道穿越承重墙或基础时,应预留洞口,管顶上部净空高度不得小于建筑物的沉降量,一般不小于 0.15 m。由于常需预埋的给排水构件常设于屋面、空调板、阳台板上,包括地漏、排水栓、雨水斗、局部预埋管道等。预埋有管道附件的预制构件在工厂加工时,应做好保洁工作,避免附件被混凝土等材料堵塞,如图 2.92 所示。

③管道支吊架

管道支吊架应根据管道材质的不同确定预留洞和预埋套管,优先选用生产厂家配套供应的成品管卡,管道支吊架的间距和设置要求可参见厂家样本,或参见《室内管道支架及吊架(03S402)》图集。设置的一般原则如下:

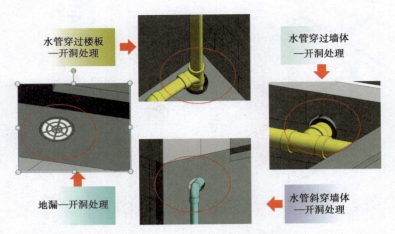

图2.92　给排水管道预留孔洞处理

a.管道的起端和终端需设置固定支架。

b.横管任何两个接头之间应有支撑;且不得支撑在接头上。

c.在给水栓和配水点处必须用金属管卡或吊架固定,管卡或吊架宜设置在距配件40～80 mm处。

d.冷、热水管共用支吊架时应按照热水管要求确定。

e.立管底部弯管处应设承重支吊架。

f.立管和支管支架应靠近接口处。

g.横管转弯时应增设支架。

h.管道穿梁安装时,穿梁处可视作一个支架。

i.卫生器具排水管穿越楼板时,穿楼板处可视作一个支架。

j.热水管道固定支架的间距应满足管道伸缩补偿的要求。

2）给排水施工

装配式建筑给排水施工与传统的建筑给排水施工一样,主要包括准备阶段、施工阶段和验收阶段,但是在具体的内容上却存在着较大的差异,这些阶段都需要针对具体的工程内容进行。装配式建筑给排水施工的主要不同点是通过深化施工设计,结合准确的安装定位手段,在结构施工时直接安装管道、连接预埋件,提高后续管道安装施工工艺标准,并实现标准户型给排水管道安装的工厂化下料组装、流水线装配作业。

装配式建筑给排水施工流程如下:设计图纸深化→标准户型大样图→施工工艺技术交底→制作预埋定位模板→预埋件平面定位安装(混凝土浇筑)→按照样板测定管道下料尺寸→统一下料、组装→管道现场装配安装→成品保护。

管道安装流程如下:

安装支管吊卡、立管管卡

集中下料、支管组装--→**支管装配**--→**立管安装**--→**干管安装**

装配式建筑给排水施工的重要环节包括制作预埋定位模板、预埋件定位、管道下料和组装、给排水管道现场装配、成品保护等环节。具体阐述如下。

（1）制作预埋定位模板、预埋件定位

以钢筋墙体轴线为基础，按照确定的相对空间尺寸，制作标准定位预埋定位模板。

利用预埋定位模板进行预埋件平面定位，定位时必须确保模板定位点和结构轴线的吻合。按照定位模板上的各预埋件位置孔，在模板上用记号笔画出各个预埋件位置和固定点；在土建模板支模后铺底筋前即开始进行预埋件的固定。

协调结构施工班组，掌握平台钢筋绑扎和混凝土浇筑时间，派专人看护。现场巡查在钢筋绑扎和混凝土浇筑时对预埋件的碰撞或损坏，进行跟班旁站看护，发现损坏及时更换。

土建拆模后管道安装前，应将固定预埋件的铁钉透出混凝土板的部分进行切除，并用防锈漆作防锈处理。

（2）管道下料和组装

按照施工规范、装配式建筑项目的具体特点和要求，安装样板层和标准件样板。按照样板层不同户型标准的给排水管道、管件，连接管件之间的支管长度（严格控制支管误差），测量记录统一下料、组装尺寸清单。按照各标准卫生间支管线尺寸进行统一尺寸下料。

按照组装编号图，进行吊卡、吊杆、支管组装预制。参照样板，支管组装进行合理分段组装，确保现场安装连接的方便。

组装好的支管成品进行明确标注，标明对应户型、位置等信息。

（3）给排水管道现场装配

①安装吊卡：清理顶板上拆模后吊卡预埋底座孔，按照标准样板不同吊杆长度统一安装吊架。安装吊架时一并清理管道预埋件。对于有坡度要求的排水管道安装，不同位置的吊卡吊杆长度不同，必须进行编号对应安装。组装好的支管成品统一运输到相应位置。

②支管装配：将分段组装好的支管对应各个预埋件位置进行连接。

③闭水、通水、通球、压力试验：建筑给排水管道安装完成后，应按照相关规范要求进行闭水、通水、通球、压力试验。

④管口封闭、管道保护：支管成品安装后，管道全部缠塑料膜或者管口堵头保护，避免土建粉刷、抹灰时的污染，安装好的管道支管管口，应采用专用封堵口，将所有管口临时封闭严密，防止异物进入，造成管道堵塞，如图 2.93 所示。

图 2.93　预埋定位模板的制作

图 2.94　给排水管道现场装配及保护

（4）成品保护

装配式建筑给排水施工完成后，要做好成品保护，如图 2.94 所示。重点关注以下几点：

①预埋件、管材、管件在运输、装卸和搬运时应轻放，不得抛、摔、拖。

②管材应存放于温度不高于 40 ℃的库房内，且库房内应有良好的通风条件。管材应水平堆放在平整的地面上，不得乱堆乱放，不得暴晒。当采用垫物支垫时，支垫宽度不得小于 75 mm。其间距不得大于 1 m，管材外悬的端部应小于 500 mm，叠放时其高度不应超过 1.5 m。

③预埋件安装前应对预埋件采用圆形聚塑板块或湿锯末进行封闭保护，外露封口宜用封箱胶带封口保护。

④预埋件定位固定安装后，在结构混凝土浇筑时派人专门看护，确保不被碰撞、移位、倾斜、损坏。

⑤安装好的管道，应采用塑料布等材料包裹外壁，易碰撞部位，应用木板捆绑保护。

⑥土建、装修施工完成后，拆除保护包裹的塑料布，并清洗干净。

2.4.2　装配式建筑电气

由于装配式建筑的预制件都是在工厂一次性加工完成的，不允许现场开孔、开槽，所以装配式建筑对设计方的要求较高。对于电气专业来说，在设计过程中一定要对设备和管线的布置有一个精确的定位。这样才能使预制部分和现浇部分有一个完美的衔接。

装配式建筑电气在设计阶段，要做好在预制墙板上设置强电箱、弱电箱、预留预埋管线和开关点位的设计；装修设计提供详细的"点位布置图"并与建筑、结构、设备等专业和工厂进行协同，确定最终的技术路线。

1）建筑电气设计

（1）强电设计

a. 配变电系统整体设计。以装配式建筑的面积、使用性质等为依据，对其用电性质、用电容量等进行判断和估算。装配式建筑的供电线路应该是从电网主线路向建筑内部各分区引入并实现全面供电，所以预制装配式建筑整体要设置配电总箱，而建筑内各单元要配置单元配电总箱，各楼层要配置电表箱。三层变配电结构以放射式形式构成统一的整体，而且变电站和负荷中心的位置要较为接近，供电半径要在合理的范围内，在整个配变电系统中低压配电要以放射式和树干式相结合的设计形式为主，而干线设计要使电缆或密集型母线沿着电缆桥架和电缆竖井铺设。

根据《民用建筑电气设计规范》（GJG 162008）、《干式电力变压器技术参数和要求》（GB/T 10228—2023）等相关设计规范的要求，在设计的过程中应尽可能采用节能型干式变压器，为保证其在经济运行状态中运行，其长期负荷要在 85% 以下，可见预制装配式建筑经济性突出。考虑到抑制电网谐波、提升抗干扰能力，在选择配套设施的过程中应积极利用 Dyn11 接线组别的三相变压器，对噪声有效控制。除此之外，预制装配式建筑配变电设备的补偿能力要满足其所在区域供电部门的实际要求，否则会对整个电网的用电计量产生影响。

b. 配变电管敷设、开凿、准备设计。配电管敷设是变配电部分设计的重要内容。在地震多发区,在进行电气设计的过程中要考虑地震灾害的威胁,有意识地避免配电管在地震中发生错位引发安全风险。一般装配式建筑的配电管预制在楼板预制层内,到了外墙部分,再与预制外墙板内的预制配电管通过软管连接。在此过程中,电气设计人员要对预制装配式建筑采用的是梁外墙结构、梁下墙结构还是梁内墙结构进行判断(见图 2.95),并采取与之相匹配的配电管敷设方式。

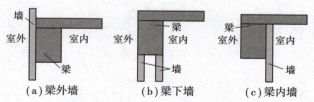

图 2.95　外墙与梁的位置示意图

以最基础的外墙预制为例进行说明:采用梁外墙结构的预制装配式建筑(简称"PC 建筑")预制配电管有两种敷设方式,如图 2.96 所示;采用梁内墙结构的 PC 建筑预制配电管敷设方式如图 2.97 所示;采用梁下墙结构(墙在梁下外侧、墙在梁下内侧)的 PC 建筑预制配电管敷设方式如图 2.98 所示。

由于预制装配式建筑的预制件在工厂完工,禁止现场开孔、开凿,这要求电气设计时对设备和管线布置精确定位,以此保证现浇和预制部分的有效衔接。确定用电设备的数量、楼板和外墙等预制板上开口或开凿的尺寸和位置,避免后期开凿对预制板构成破坏。在设计的过程中应尽可能利用现浇层楼板或保温层外墙进行配电管和插座、接线盒的敷设,以此减少对预制件的破坏概率,并在预制件中对预埋电气配电管的具体位置进行标注,为工厂生产提供依据。

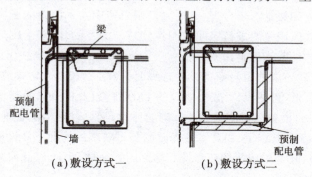

图 2.96　梁外墙结构的预制配电管敷设方式

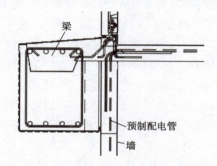

图 2.97　梁内墙结构的预制配电管敷设方式

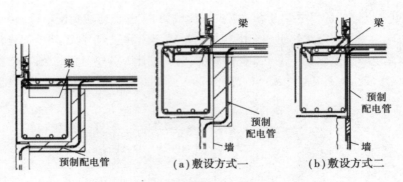

图 2.98　梁下墙结构的预制配电管敷设方式

（2）照明部分

在对预制装配式建筑照明部分进行设计的过程中：要保证建筑内不同场所的照明亮度、功率密度、视觉要求等能够满足我国相关标准及规范的规定；在设计的过程中应尽可能控制照明系统中产生的光能损失，达到绿色节能环保的目的，选择的配套设备应以高光效光源为主。在照明设计的过程中应注意以下几点：

①保证预制装配式建筑内各结构功能分区要符合相关规范，满足相应的要求。

②在设计的过程中为尽可能实现建筑节能，应最大化地对天然光源进行利用，如在设计的过程中既要注重采用侧向采光方式，又要利用光的折射、反射现象等将天然光向室内导入，而且设计时要有意识地将与外墙窗户相靠近的灯具在控制系统中与其他相独立。

③在对预制装配式建筑内部走廊、楼梯间等公共区域的照明系统进行设计的过程中为尽可能在保证照明的同时实现节能，要结合各区域的功能、自然采光情况等进行分区建立智能控制系统，而且开关的位置和数量既要合理，又要方便用户使用。采用智能照明控制器对动态系统实行动态跟踪，对公共区域照明进行照明控制达到节能的目的，门厅走廊采用夜间降低照度的控制方式，每套房间均设节能控制开关。

④在预制装配式建筑内部照明配备设备选择时，应尽可能选择具有节能、耐用、亮度高、环保、产生热量和辐射较低、可回收、可安全触摸的 LED 灯，以此提升建筑用电的安全性和节能环保性。所选用的 LED 灯既要满足国家相关标准的要求，又要合理地配备补偿电容器，使其在补偿后的功率因数在 0.9 及其以上，而且在眩光限制满足要求的情况下。设计配备的开启式灯具效率要在 75% 以上，应用高效电子镇流器使其功率因数超过 95%，以此缩减照明设备使用过程中线路和铜材的消耗。

⑤在设计的过程中为尽量缩减照明设备应用过程中产生的电压损失，要有意识地用三相供电方式设计主照明电源，而且要尽可能使其负荷达到平衡，以此保证光源发光效率。在配备线缆时要在线路合理的情况下尽可能选择电阻率低、横截面大的材料，以此降低照明系统的电能损耗。在上述设计完成后，需要对用户安装分户用电计量装置，调动用户节约用电的积极性，在建筑投入使用后要定期对照明和配变电设备进行检测、控制，使其保持高效、安全运行。

⑥装配式建筑电气照明部分设计除了满足上述标准及相关规范外，还要特别注意设计的碰撞检查。在电气照明模型构建好了后，设计人员对模型进行包括与建筑、结构、设备等的碰撞情况检查分析，若生成中发生碰撞，要及时地进行设计方案的调整。经碰撞检查、设计模型调整完善后，最终形成电气照明模型三维模型和平面定位模型图，如图 2.99、图 2.100 所示。

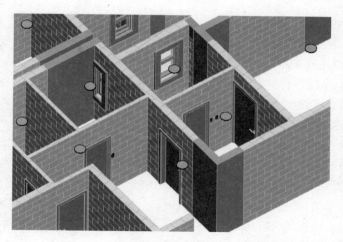

图 2.99　建筑电气照明部分三维定位模型图

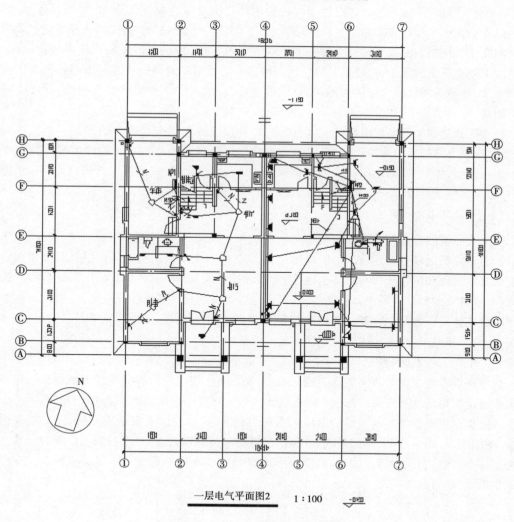

一层电气平面图2　　1：100

图 2.100　建筑电气照明部分平面定位图

（3）公共设施的电气配套部分

①电梯设计。在预制装配式建筑公共电梯设计方面，应尽可能选用噪声低、效率高、可能量回馈、可降低电量消耗的 VVVF 永磁同步无齿轮曳引机，而且对电梯进行智能控制系统设计，以此保证电梯的安全、节能运行。电梯的设置应符合国家建筑设计防火规范，确保消防安全。电梯位置布置和平面布置要在建筑、结构及其他专业碰撞检查后综合考虑，还应便于乘客使用、发挥输送效率、节省建筑成本和设备成本。

②防雷与接地。在预制装配式建筑公共区域设计的过程中需要重视防雷、接地方面，在设计的过程中首先要对预制装配式建筑的使用性质、发生雷击事故的概率、后果等进行全面深入的分析，并按照分析结果将其划分到国家规定的相应类别中。在选择配备设备时，防雷装置要着重考虑建筑金属结构和钢筋混凝土结构中的钢筋。防雷引下线、接地网系统等也要以钢筋混凝土中的钢筋为主。在预制装配式建筑实际情况不允许的情况下，考虑应用角钢、圆钢等金属体对其进行优化，以此保证预制装配式建筑安全性。

③绿色建筑与节能设计。在电气设计过程中结合国家绿色建筑的要求，要将低碳理念、绿色环保理念积极与设计思路相结合，尽可能在保证其安全性、舒适性的前提下，缩减预制装配式建筑的能耗。预制装配式建筑的大部分预制件在工厂完成，现场只需要浇筑现浇楼板，有效地避免施工粉尘现象的发生，这也是其绿色环保的体现。针对预制装配式建筑内给排水系统所应用的水泵、暖通空调系统所应用的通风、空调设备等，应尽可能选择变频类型产品，以此缩减建筑的能耗。

在装配式建筑电气变配电部分、照明部分、公共设施的电气配套部分的设计模型初步完成后，要对建筑电气模型与建筑、结构及其他专业模型进行碰撞检查。对于碰撞部分与其他专业协调做出调整，做到准确设计，减少施工错误。最后，通过将装配式建筑电气模型与建筑模型链接，对建筑电气进行定位。

2）建筑弱电设计

装配式建筑弱电部分的设计应重点关注弱电专业与建筑、结构等其他专业的碰撞检查，在此基础上做好弱电部分在建筑结构图中的定位。基于 BIM 技术的弱电设计模型的碰撞检查和定位的基本原理和工作步骤与给排水设计、强电设计相同，具体可参考 2.4.1 节和 2.4.2"强电设计"。在此主要对建筑弱电系统的组成、工作原理等弱电设计基础进行阐述。

装配式建筑弱电系统包括火灾自动报警系统、有线电视系统、电话通信系统、闭路电视监控系统、公共广播系统等，是构成装配式智能建筑的基础。

（1）火灾自动报警系统

为保证在发生火灾时将损失降到最低限度，就必须在规定的建筑物内或人员密集的场所安装火灾自动报警系统和消防联动灭火系统。火灾自动报警系统原理如图 2.101 所示。

火灾自动报警系统是现代消防系统的重要组成部分，主要由火灾触发器件、火灾报警控制装置、编码模块（输入模块、输出模块、各种控制模块）、减灾设备、灭火设备以及电源等组成。现行国家标准《火灾自动报警系统设计规范》（GB 50116—2013）规定了火灾自动报警系统 3 种基本结构形式：区域报警系统、集中报警系统和控制中心报警系统。

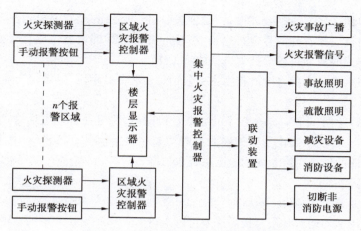

图 2.101   火灾自动报警系统原理框图

火灾自动报警控制器是火灾自动报警系统的心脏,是分析、判断、记录和显示火灾发生部位的装置。当确认发生火灾时,报警控制器即发出声、光报警信号,并启动联动装置,向火灾现场发出火警广播,显示疏散通道方向;在高层建筑中还向相邻的楼层区域也发出报警信号,显示着火区域,将客运电梯强制停于首层,消防电梯和消防减灾设备投入运行,同时显示火灾区域或楼层房号的地址编码以及烟雾浓度或温度等参数。报警控制器除接受自动火灾探测器的信号外,还可以接受现场人员通过砸碎消防按钮玻璃发出的报警信号,也可以用火灾报警电话直接向控制器发出火灾报警信号。

火灾自动报警控制器分为区域报警控制器和集中报警控制器两种。一般情况下,区域报警控制器的监控范围较小,当报警区域多于 3 套时,将区域报警控制器与集中控制报警器结合使用,形成集中报警控制系统。集中报警控制器安装在消防控制室,区域报警控制器设置于各层服务台或某一区域。

(2)共用天线电视系统

共用天线电视系统一般由前端、干线传输和用户分配 3 个部分组成。前端部分主要包括电视接收天线、频道放大器、频率变换器、自播节目设备、卫星电视接收设备、导频信号发生器、调制器、混合器以及连接线缆等部件。前端信号的来源一般包括接收无线电视台信号、卫星地面接收信号和各种自办节目信号 3 种;干线传输系统是把前端处理、混合后的电视信号,传输给用户分配网络的一系列传输设备,一般在较大型的电视系统中才有干线部分;用户分配网络部分是电视系统最后部分,主要包括放大器(宽带放大器等)、分配器、分支器、系统输出端以及电缆线路等,它的最终目的是向所有用户提供电平大致相等的优质电视信号。

共用天线电视系统由天线接收下来的电视信号,通过同轴电缆送到前端设备,前端设备将信号进行放大、混合,使其符合质量要求,再由一根同轴电缆将高质量的电视信号送至信号分配网络,于是信号就按分配网络设置路径,传送至系统内所有的终端插座上。

(3)电话通信系统

电话通信系统由电话交换设备、用户终端设备、传输系统 3 个部分组成。

电话交换设备就是电话交换机,是接通电话用户之间的通信线路的专用设备,其基本任务是提供从任一个终端到另一个终端传送话音等信息的路由。终端设备是指发送和接收话音等信息的电话机(可视电话机)、传真机。传输设备是各种类型的远距离传输话音信号的传输设备和线路,从最简单的金属导线到载波设备、微波设备,以及光缆、光发射机、光接收机、卫星设备等;交换设备是对话音等各种信号进行交换、续接的各种类型的设备。尽管交换设备有各种不同的制式,但相互之间可通过接口技术进行协调工作。

目前,我国最新电话通信系统的技术主要包括综合业务数字网、宽带综合业务数字网、IP电话3种。

①综合业务数字网(ISDN)是全数字的数据交换网络,只是在普通电话终端采用模拟信号,在传真机、电脑、会议电视、路由器等传输数据时均采用数字信号进行传输,其业务已经从电话系统转换成多功能的信息传输系统。但该系统在数据传输时,其速率只有128 Kbit/s,与当今最新数据网络有较大差距。

②宽带综合业务数字网(B-ISDN)是基于ISDN数据传输速率较低的情况,采用新技术实现更高速率的数据传输功能。其用户最高速率可以高达155 Mbit/s或更高622 Mbit/s。

③IP电话是基于国际互联网的一种语音信号传输模式,IP电话可以建立在"电脑-电脑""电脑-电话""电话-电话"之间。在使用电话通信时,通过电信局的网关接入互联网,并接入对方电话。

图2.102　闭路电视监控系统的组成

(4)闭路电视监控系统

闭路电视监控系统是通过有线的传输线路,把图像信号传输给某一局部范围内特定用户的电视系统。闭路电视监控系统由4个部分组成,如图2.102所示。

建筑弱电设计时,闭路电视监控系统的主要技术要求是:摄像机的清晰度、系统的传输带宽、电视信号的信噪比、电视信号的制式、闭路电视系统的控制方式等。

(5)公共广播系统

公共广播系统包含扩声系统和放声系统两类。扩声系统中扬声器与话筒处于同一声场内,存在着声反馈及房间共振引起的啸叫、失真和震荡现象;放声系统中只有磁带机、光盘机等声源,没有话筒,是广播系统的一个特例。公共广播系统由节目源设备、信号放大与处理设备、传输线路和扬声系统等4个部分组成。

从用途来看,建筑广播系统分为两类:一类是面向公共区(如展厅、中厅服务区域等)的公共系统,平时播放背景音乐广播,火灾或紧急情况时立即切换为紧急广播;另一类是面向办公区域及车库区域的广播系统,在一些特殊区域等则要单独设置专业广播设备。

3)建筑电气施工

装配式建筑电气在设计阶段,已经做好在预制墙板上设置强电箱、弱电箱、预留预埋管线和开关点位的设计。因此,装配式建筑电气安装施工阶段与传统建筑完全一样,主要包括机电预埋施工、成品保护、照明安装、内部设备安装、系统调试等环节。其中,照明安装、建筑内部电气设备安装与传统建筑电气施工基本一样,在此主要阐述装配式建筑电线管和电盒电箱等预埋、成品保护等施工环节。

（1）机电预埋施工

①工厂内电线管、电盒等定位

在装配式建筑工厂内，依据设计阶段形成的建筑电气最终图纸，确定电线管的具体位置（定位）、走向、管径、材质，区分预埋在墙体或楼板内和非预埋的。开关盒、强弱电箱、接线盒等具体位置（定位），材质、规格型号等，并在将要预制的板墙内进行标记、定位。

②预制板内电线、电盒等固定

板墙内利用开关盒、强弱电箱体直接固定在钢筋上，并根据墙体厚度焊好固定钢筋，使盒口或箱口与墙体平面平齐。用水平尺对箱体的水平度和垂直度进行校正，用泡沫板塞满整个箱体，并用胶带包裹箱体，防止浇注混凝土泛浆。采用顶部插入式灯头盒，将端接头、内锁母固定在盒子底部的管孔上，并堵好管口、盒口，浇注到预制平台板上，顶部开口，便于插线。装配式建筑预制板内电线、电盒等的定位与固定如图 2.103 所示。

图 2.103　预制墙板内线盒定位与固定

③预制板墙内管路连接

a.装配式建筑土建的一般施工工艺是先吊装板墙，再吊装平台板，然后浇筑平台现浇层混凝土，最后吊装上一层的板墙。所以，安装电气管路预埋开关、插座管均从本层板墙内往上引入顶板的平台现浇层内进行连接。内墙管路向上引到墙体与平台结合的梁部位时，管的甩口应设置在梁的中部，以便管路连接。

b.墙体内的配管应在两层钢筋网中沿最近的路径敷设，并沿钢筋内侧进行绑扎固定，绑扎间距不应大于 1 m，沿墙敷设的上下连通管路在墙体的对接边缘处预留一定空间以便管路对接。

c.外墙引出管通过在墙体与平台结合处预先从墙体的侧面煨好的弯头进行直接对接。

d.多根线管进入配电箱时，管线排列应整齐。

e.在后砌墙部位，需要在预制平台板上精确定位，并根据穿管的数量、规格用泡沫板进行留洞。

装配式建筑外墙管路与平台现浇层管路连接如图 2.104 所示。

④平台现浇层内配管

a.管路敷设应在平台预制板就位后，根据图纸要求以及电盒、电箱的位置，顶筋未铺时敷设管路，并加以固定。土建顶筋绑好后，应再检查管线的固定情况。在施工中需注意，敷设于现浇混凝土层中的管子，其管径应不大于混凝土厚度的 1/2。由于楼板内的管线较多，所以施工时，应根据实际情况，分层、分段进行。先敷设好已预埋于墙体等部位的管子，再连接与盒相连接的管线，最后连接中间的管线，并应先敷设带弯的管子再连接直管。并行的管子间距不应小于 25 mm，使管子周围能够充满混凝土，避免出现空洞。在敷设管线时，应注意避开土建所预留的

图 2.104　外墙管路与平台现浇层管路连接

洞。当管线从盒顶进入时,应注意管子煨弯不应过大,不能高出楼板顶筋,保护层厚度不小于15 mm。

　　b. 梁内的管线敷设:管路的敷设应尽量避开梁,如不可避免时,注意以下要求:管线穿梁时,应选择梁内受剪力、应力较小的部位穿过,竖向穿梁时,应在梁上预留钢套管。

　　c. 管路固定采用与预制平台板内的楼板支架钢筋绑扎固定,固定间距不大于 1 m。如遇到管路与楼板支架钢筋平行敷设时,需要将线管与盖筋绑扎固定。

　　d. 塑料管直接埋于现浇混凝土内,在浇捣混凝土时,应有防止塑料管发生机械损伤和位移的措施。在浇筑现浇层混凝土时,应派专职电工进行看护,防止发生踩坏和振动位移现象。对损坏的管路及时进行修复,同时对管路绑扎不到位的地方进行加固。

　　平台现浇层内配管剖面图如图 2.105 所示。

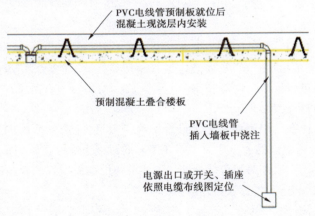

图 2.105　平台现浇层内配管剖面图

　　e. 扫管穿引线:对于预制装配式建筑,如墙、楼板应及时进行扫管。吊装完成,平台现浇层浇筑后再及时扫管,这样能够及时发现堵管不通现象,便于处理及在下一层进行改进。对于后砌墙体,在抹灰前进行扫管,有问题时修改管路,便于土建修复。经过扫管后确认管路畅通,及时穿好带线,并将管口、盒口、箱口堵好,加强成品配管保护,防止出现二次阻塞管路。

　　(2)成品保护
　　装配式建筑给排水完成后,要做好成品保护,重点注意以下几点:
　　a. 配管路时应保持顶棚、墙面及地面清洁完整。
　　b. 施工过程中,严禁踩电线管行走,钢制线盒刷防锈漆时不应污染顶板、墙面。

c.其他专业在施工中,注意不得碰坏电气配管,严禁私自改动电线管及电气设备。

d.要注意施工过程对建筑预制件本身的影响,避免造成预制板受损。

e.安装好的电线管、电盒、电箱,应采用塑料布、泡沫等材料包裹外壁,易碰撞部位应用木板捆绑保护。电线管安装完成后、混凝土浇筑前,应对电线管两端做好封堵、保护,防止混凝土、建筑碎渣等进入电线管内。

2.4.3　装配式建筑暖通空调

1)建筑暖通空调设计

装配式建筑暖通空调设计原理、方法等与传统建筑暖通空调的设计一样,其主要不同点是利用 BIM 技术构建暖通空调的三维模型,并在设计阶段可进行自身碰撞检查和暖通空调与其他专业间的碰撞检查,然后对设计进行优化,最终将暖通空调设计图定位于建筑结构及其他专业图中形成三维模型,为后续建筑施工及管理服务。

本书在介绍暖通空调的设计基础后,介绍装配式建筑暖通空调设计的碰撞优化,对于暖通空调部分的定位等内容可参考 2.4.1 节中的"管道、设备定位"。

(1)建筑暖通空调设计基础

①建筑供暖工程

供暖又称采暖,是利用人工的方法向室内供给热量,使室内温度保持某一恒定值,以创造适宜的生活或工作条件的技术。建筑供暖系统有热源、供热管网和散热设备 3 个基本组成部分:热源是供暖系统中生产热能的部分,例如锅炉房、换热站等;供热管网指的是热源与用热设备之间的连接管道,起热媒输送的作用;散热设备也就是用热设备,是将热量散发到室内,例如散热器、暖风机等。

根据供暖系统散热给室内的方式不同,可分为:对流供暖和辐射供暖。对流供暖是以对流换热方式为主的供暖,系统中的散热设备是散热器,因而这种系统也称为散热器供暖系统。系统中常利用的热媒有热水、热空气、蒸汽等。辐射供暖是以辐射传热方式为主的供暖,辐射供暖系统的散热设备主要采用盘管、金属辐射板或建筑物部分顶棚、地板或墙壁作为辐射散热面散热。

a.热水供暖系统。用热水作为热媒的供暖系统,称为热水供暖系统。在室内供暖系统中,散热器与供、回水管道的连接方式称为热水供暖系统的形式。热水供暖系统的形式种类繁多,按照与散热器连接管道根数的不同分为单管系统和双管系统;按照供水干管敷设位置的不同分为上供下回式和下供下回式;按照热水在管路中流程的长短分为同程式系统和异程式系统等。

热水供暖系统的储热能力较大,系统热得慢,但冷得也慢,室内温度相对比较稳定,特别适用于间歇式供暖。热水供暖系统中,散热器表面温度较低,不易烫伤人,同时散热器上的尘埃也不易升华,卫生条件好。但要注意解决好两个问题:一是排气问题。在热水供暖系统中,如果有空气积存在散热器内,将减少散热器有效散热面积;如果积聚在管中就可能形成气塞,堵塞管道,影响水循环,造成系统局部不热。此外,钢管内表面与空气接触会引起腐蚀,缩短管道寿命。为及时排除系统中的空气,保证系统正常运行。供水干管应随水流方向设置上升坡度,使气泡沿水流方向汇集到系统最高点的集气罐,再经自动排气阀将空气排出系统。管道坡度 0.003。二是水的热膨胀问题。热水供暖系统在工作时,系统中的水在加热过程中会发生体积膨胀,因此在系统的最高点设置膨胀水箱用来收纳这些膨胀的水量。膨胀水箱要与回水管连接,在膨胀水箱下部设置接管引至锅炉房,以便检查水箱内是否有水。

b.蒸汽供暖系统。按照蒸汽压力的大小,蒸汽供暖可分为高压蒸汽供暖系统和低压蒸汽供暖系统。其中,高压蒸汽供暖系统:供汽的表压力>70 kPa;低压蒸汽供暖系统:供汽的表压力≤70 kPa;真空蒸汽供暖系统:压力低于大气压力。按照立管的布置特点,蒸汽供暖系统可分为单管式和双管式。另外,按照回水方式不同,蒸汽供暖系统可分为重力回水和机械回水。

c.辐射供暖系统。辐射供暖是一种利用建筑物内的屋顶面、地面、墙面或其他表面的安装的辐射散热器设备散出的热量来达到房间或局部工作点供暖要求的供暖方法。它是利用低温热水或高温水加热四周壁面、地面温度的辐射传热和空气的对流传热结合系统。

低温地板辐射供暖是以不高于60 ℃的热水作为热媒,通过埋置于地下的盘管系统内循环流动而加热整个地板,从地面均匀地向室内辐射散热。根据系统热源的不同,低温地板辐射供暖系统可分为低温热水地板辐射供暖系统和低温电地板辐射供暖系统。因前者应用广泛,所以大多数情况将低温热水地板辐射供暖系统简称为低温地板辐射供暖系统或地暖系统。装配式建筑地暖系统的盘管需要预制在墙地板内,某住宅室内盘管安装示意图如图2.106所示。

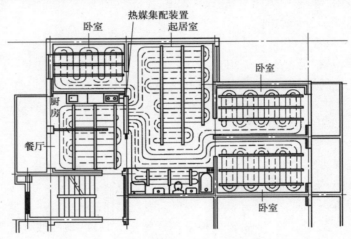

图2.106　某住宅室内盘管安装示意图

与普通散热器供暖相比,地暖具有以下优点:提高了室内采暖的舒适度;有效地节约了能源;增大了房间的有效使用面积;提高了采暖的卫生条件;减少了楼层噪声;热源选择范围增大:供水≤60 ℃,供回水温差≤10 ℃的地方即可应用,如工业余热锅炉水、各种空调回水、地热水等。

②建筑通风工程

通风是指利用自然或机械的方法向某一房间或空间送入室外空气,并由某一房间排出空气的过程,送入的空气可以是经过处理的,也可以是不经过处理的。换句话说,通风就是利用室外空气(新鲜空气或新风)来置换建筑物内的空气(室内空气)以改善室内空气品质。通风包括从室内排出污浊空气和向室内补充新鲜空气两部分。前者称为排风,后者称为送风。为实现排风和送风所采用的一系列设备装置的总体称为通风系统。

a.风道的布置与敷设。风道的布置应在进风口、送风口、排风口、空气处理设备、风机的位置确定之后进行。风道布置应服从整个通风系统的总体布局,并与土建、生产工艺和给排水等各专业互相协调、配合。风道布置设计原则包括：风道布置应尽量缩短管线、减少分支、避免复杂的局部管件；应便于安装、调节和维修；风道之间或风道与其他设备、管件之间合理连接以减少阻力和噪声；风道布置应尽量避免穿越沉降缝、伸缩缝和防火墙等；应使风道少占建筑空间并不得妨碍生产操作；对于埋地风道应避免与建筑物基础或生产设备底座交叉，并应与其他管线综合考虑，此外，尚需设置必要的检查口；风道在穿越火灾危险性较大房间的隔墙、楼板处，以及垂直和水平风道的交接处时，均应符合防火设计规范的规定。

b.风管的敷设。风管有圆形和矩形两种。圆形风管适用于工业通风和防排烟系统中，宜明装；矩形风管利于与建筑协调，可明装也可暗装于吊顶内。空调系统中多采用矩形风管。风管多采用钢板制作，其尺寸应尽量符合国家现行《通风与空调工程施工质量验收规范》（GB 50242—2016）的规定，以利机械加工风管和法兰，也便于配置标准阀门和配件。

装配式建筑的风管如果明装，需要在设计时预留风管安装空洞；如果暗装，需要在设计时明确在建筑、结构中的定位。

③建筑空调工程

空调系统是指需要采用空调技术来实现的具有一定温度和湿度等参数要求的室内空间及所使用的各种设备、装置的总称。若对建筑物进行空气调节，必须由空气处理设备、空气输送管道、空气分配装置、冷热源等部分来共同实现。

装配式建筑空调工程设计主要包括准备阶段、冷热负荷及送风量估算阶段、空调系统设计阶段。在系统设计阶段，要利用BIM技术，做好空调及其管线布置与其他专业碰撞检查，在此基础上做空调工程在建筑、结构图中的定位。

（2）建筑暖通空调设计的碰撞优化

装配式建筑暖通空调工程管线主要包括综合布线、燃气供应、通风空调、防排烟和采暖供热等，这些管线错综复杂、设备种类数量繁多，各预制构件搭接处钢筋密集交错，如果在施工中发现各种管线、设备自身或与其他专业发生碰撞，将给施工现场的各种管线施工、预埋和现场预制构件吊装、预制安装带来极大的困难。因此，在施工前的设计阶段，就应用BIM技术对管线、设备密集区域进行综合排布设计，虚拟各种施工条件下的管线布设、预制连接件吊装的模拟，提前发现施工过程中可能存在的碰撞和冲突，有利于减少设计变更，提高施工现场的工作效率。

碰撞检查是指在电脑中提前预警工程项目中各不同专业（结构、暖通、消防、给排水、电气桥架等）在空间上的碰撞冲突。建筑工程管线种类多、各专业管线相互交叉，施工过程很难完成紧密配合，相互协调。利用BIM软件平台的碰撞检查功能，根据各专业管线发生冲突时，有压管让无压管，小管线让大管线，施工容易的避让施工难度大的，再考虑管材厚度、管道坡度、最小间距以及安装操作与检修空间，最后结合实际综合布置避让原则，完成建筑结构与设备管线图纸之间的碰撞检查，提高各专业人员对图纸问题的解决效率。

总的来说，利用BIM软件平台碰撞检查功能，预先发现图纸管线碰撞冲突问题，进行施工方案优化等，减少由此产生的工程施工变更，避免后期施工因图纸问题带来的停工以及返工，不仅提高施工质量，确保施工工期，还节约大量的施工和管理成本，也为现场施工及总承包管理打好基础，创造可观的经济效益。建筑暖通空调管道与其他管道碰撞检查图如图2.107所示。

图 2.107　风管、空调管道与其他管道碰撞检查

2)建筑暖通空调工程施工

(1)暖通空调工程施工流程

装配式建筑暖通空调工程的施工流程与传统建筑施工流程不同,主要区别在于有相当一部分的暖通空调管线(道)、设备与预制墙板等构件一起在装配式建筑预制工厂内制作、安装,然后与预制构件一起运至施工现场进行吊运安装。预制装配式建筑暖通空调工程的施工流程如图 2.108 所示。

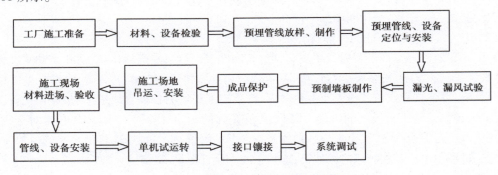

图 2.108　暖通空调工程的施工流程

装配式建筑暖通空调工程施工流程中,预埋管线与设备的定位、安装、成品保护等环节施工与建筑给排水、建筑电气相似,在此不再赘述。本节主要阐述装配式建筑暖通空调施工中的常见问题及对策。

(2)暖通空调工程施工常见问题及处理

①设备噪声问题

暖通空调系统设备噪声超标与空调末端设备运转噪声超标,是暖通空调工程中经常碰到的设备噪声问题。由于风机盘管技术比较成熟,国内许多厂家的风机盘管产品噪声指标都能达标。而大风量空调机组的情况却不尽如人意,往往噪声实测值比厂家提供的产品样本参数高出不少,对设计时采用大风量空调机组应考虑隔声措施。当空调设备进场时应及时开箱检查,大风量空调机组未安装前最好进行通电试运行,发现噪声超标应及时更换、退货或修改完善消声措施,避免进入调试阶段才发现空调机组噪声超标而造成返工情况。另外,在设备、水管、风系统安装过程中要做好噪声处理。

a. 设备安装噪声处理。新风机、空调机安装采用弹簧阻尼减振器,风机与风管连接采用软连接,新风机组与水管采用软接头连接,风机盘管采用弹簧吊钩,风机盘管与水管采用软管连接。对空调机房进行吸音处理,比如在空调机房内采用隔声材料做成围护结构,以防止设备噪声外传,或在机房贴吸声材料。机房应尽量减少设置门窗,且设置门窗应采用吸声门窗或吸声百叶窗,尽量减少设备噪声外传。

b. 水管安装噪声处理。水管安装要严格执行国家规范,冷冻水主干管及冷却水管吊架要采用弹簧减振吊架,而且吊架不能固定在楼板上,应尽量固定在梁上,或在梁与梁之间架设槽钢横梁固定。水管穿过楼板或墙必须采用套管,且套管与水管之间要用阻燃材料填封。

c. 风系统安装。风管制作安装要严格按照国家规范进行施工,在风机进出口安装阻抗消声器,新风进口处采用消声百叶,风管适当部位设置消声器,风管弯头部位设置消声弯头,空调和新风消声器的外部采用优质保温材料,其内贴优质吸音材料。由于送回风管均采用低风速、大风量以降低噪声,风管截面积比较大,如果风管安装强度及其整体刚度不够就会产生摩擦及振动噪声。建议风管吊架尽可能采用橡胶减振垫,确保风管不产生振动噪声。

②空调水系统水循环问题

水系统是中央空调施工中最关键的环节,施工出现问题会直接影响系统正常运行。中央空调冷冻水系统最常见的问题是冷冻水系统管道循环不畅。造成管道循环不良的原因:一是管道因各专业管线交叉,施工中没有协调处理好,造成管网出现许多气囊,影响管网循环;二是空调水系统管道清洗不干净,直接造成空调水系统堵塞。

针对管线交叉问题的处理方法就是加强施工前管理,合理安排管线标高和坡度,尽量避免出现气囊现象,同时在不可避免出现气囊部位设置排气阀并将排气管出口接至利于系统排气处。针对管道清洗不干净问题,在施工过程中要做好几方面的预防工作:第一,是在焊接钢管安装前必须用机械或人工清除污垢和锈斑,当管内壁清理干净后,将管口封闭待装。管道施工过程中未封闭的管口要做临时封堵,以免污物进入,管道连接时要及时清理焊渣和麻丝等杂物。第二,管网最低处安装一个比较大的排污阀。如果排污阀太小,排污效果差,则清洗次数要多,如果排污口不在最低处,则排污不彻底。管网安装中应适当增设临时过滤器和旁通冲洗阀门,在连接设备之前,结合通水试压进行分段清洗设备。清洗工作完成以后,还要进行水系统循环试运行,其目的是将管网中的污物冲洗集中到过滤器,然后再拆洗过滤器清除污物。

③结露滴水问题

造成空调系统在调试和运行中结露滴水的原因归纳起来主要是管道安装和保温问题。管道安装问题主要表现为:

a. 道与管件、管道与设备之间连接来严密,管道安装没有严格遵守操作规程施工。

b. 管道、管件材料质量低劣,进场时没有进行认真检查。

c. 系统没有严格按规范进行水压试验。

d. 冷凝水管路太长,在安装时与吊顶碰撞或坡度难保证甚至冷凝水管倒坡,造成滴水现象;空调机组冷凝水管因没有设水封(负压处)而机组空调冷凝水无法排除。

保温问题主要表现为:

a.保温材料容重不足或保温材料厚度不够,运行时保温材料外表温度达到露点温度而产生结露。

b.保温材料与管道的外壁结合不紧密,空调水管道末端未做封闭处理,造成潮气侵入保温层导致结露滴水。

c.保温不严密或保温材料的防潮层破损造成穿墙处冷冻管滴水。

d.风机盘管滴水盘排水口被保温材料等杂物堵住,且安装后没有及时清理并做冷凝水管的灌、排实验。

e.吊式柜机、风机盘管滴水盘的保温材料受损造成滴水盘结露。

针对上述问题的解决办法主要有:一是加强保温、管件、管道材料进场检查。要加强施工前技术交底和施工中的检查,严禁用大保温套管套小管道,加大对弯头、阀门、法兰及设备接口处等细部的保温质量控制力度。二是严格按照操作规程进行管道的安装施工和水压试验。三是穿墙部位冷冻管加设保温保护套管,确保穿墙部位保温层的连续性和严密性。四是加强吊顶封板前,对风机盘管滴水盘等处的杂物清理检查。五是加强对设备滴水盘的保护,特别是吊顶封板前的检查。

【综合案例】

某装配式建筑给排水工程的设计、施工策略与思考

某预制装配式建筑工程采用了框架剪力墙结构,在阳台、空调板、外墙及楼梯结构中安装预制构件。在阳台区域施工中,废水管和阳台雨水管需要进行穿墙施工,在与业主、施工人员协商后,决定通过管径的设置来确保预留孔洞的合理性,促进给排水系统的正常运转效率。PE-X管材是该工程中所采用的排水管材。由于阳台的外侧设置了宽度为 100 mm 的雨水沟,使得阳台的雨水排水地漏和洗衣机地漏表现出分开设置的特点。在项目的给排水系统设计方案中,洗衣机的给水管道已经被安装在管井内。在给排水系统设计中,阳台区域内安装了污水盆设施,以此起到分割墙的作用。不过为改进管道安装质量,避免管道外露损坏及老化带来的影响,在安装过程中该部位的管道,需预留出 25 mm 左右的距离,用来设置保温管,且架设套管来加强管道的美观性和实用性。管道支吊架在设计中,主要将其设置在管井两侧的短墙结构上,在每层的 0.3 m 处和 1.5 m 处各设置一个支吊架。废水管道和雨水管道的支吊架集中在管道起始端和转弯处。

另外,通过对给排水系统实际应用效果的观察了解到,在给排水系统设计中,设计人员将安装施工中曾遇到的问题,在设计环节内进行了重点探讨和分析,以期减少质量问题的出现,促进给排水系统的安全运转,避免不必要损失的形成。不过预制装配式建筑的给排水系统,会根据结构的不同而发生变化。所以在设计中,要注重管道的拼接效果,以降低施工难度,提高给排水工程的质量,为居住者的生活带来便利。

思考探究:同学们可利用 BIM 建模或者三维仿真技术软件,对本工程进行精细化设计和建模(见图 2.109),进一步明确设计环节的细节问题,减轻后续的安装施工环节的工作量。

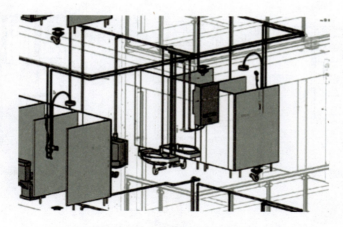

图 2.109　装配式住宅给排水系统三维模型(示例)

任务 2.5　装配式建筑装饰

暖通空调

2.5.1　装配式建筑装饰设计

装配式建筑装饰设计与传统建筑装饰设计的区别在于其实施过程必须建立在模数原则化、部品模块化、设计标准化和施工装配化基础上,其中模数化是核心,模块化是基础。只有遵循模数协调规则进行模块化整体设计,才能真正实现装配式建筑装饰设计的目标。

(1)模数原则化

模数原则即模数协调的规则,也就是在设计中采用共同的模数,制定一个通用的模数系统来规范、控制各部品的尺寸,使其在不影响使用功能的前提下减少浪费和损耗,提高效率。

(2)部品模块化

形成系列化、标准化的装饰部品,推行通用部品体系,实现部品之间的通用化和商品化供应,比如厨房、卫生间、地板、墙面等都可以由一个整体部件安装而成,省时、省力、规范统一,装配式施工现场基本消除了传统手工湿作业。

(3)设计标准化

设计对象在功能或其他性能上既能彼此协调又具有一定的一致性的设计手法,使整个装饰设计具有简化、统一化、系列化、通用化、组合化的特点。

(4)施工装配化

与传统装修施工方法比较,装配式建筑装修施工采用了大量工厂化制作的标准化部品部件,传统靠手工作业来完成的施工工艺被简化成标准的安装或组装部品的步骤,加快了施工速度,降低了施工劳动强度。

具体到设计案例中来说,可以参照以下步骤来实施装配式建筑的装饰设计。

①在传统建筑装饰设计手法的基础上,采用以部品为核心的三级模块分解模式,将户型空间的装饰部件产品从空间模块中剥离出来形成部品模块,如图 2.110 所示。

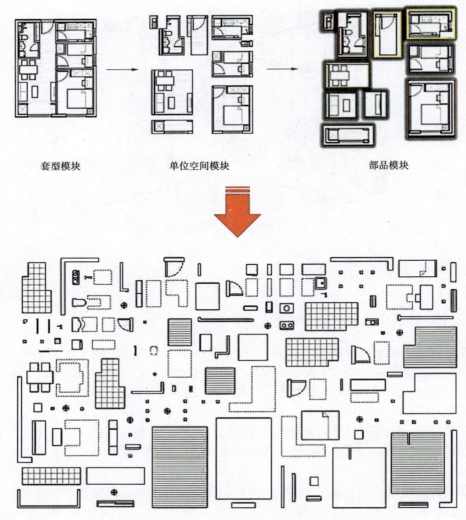

套型模块　　　　　　单位空间模块　　　　　　　部品模块

图 2.110　装配式建筑装饰设计三级模块分解模式图

②根据装配式建筑装饰功能,将分解的各个部品模块按地面系统、墙面系统、吊顶系统、卫生间系统、厨房系统、门窗系统、收纳系统等分类,形成部品模块系统,如图 2.111 所示。

③将部品模块进行编码处理,由工厂进行统一生产加工,最后运至现场装配,完成整个装配式建筑装饰工程项目。

装配式建筑装饰设计就是在模数协调原则下进行部品模块化、整体标准化设计,将功能相关联的设计部品一同进行设计,使其成为一个统一的整体,在工厂统一进行加工成型,在施工现场统一拼装完成的一种设计手法。

2.5.2　装配式建筑装饰施工

装配式建筑装饰施工,是在装配式建筑装饰设计标准化、模数化的基础上,将工厂化生产的部品部件通过可靠的装配方式,由产业工人按照标准程序采用干法施工的装修施工过程。

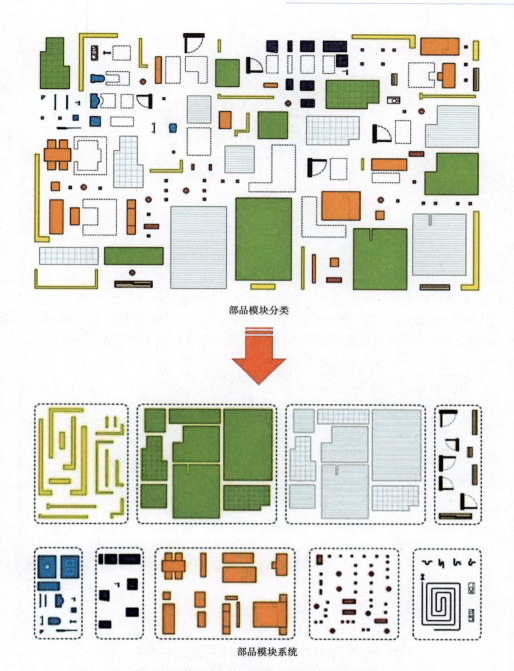

部品模块分类

部品模块系统

图2.111　装配式建筑装饰设计部品模块系统分类图

　　为了实现装配式建筑在装饰施工过程中的施工现场工厂化、施工过程干法化的特点,装配式建筑装饰施工主要包括集成地面、集成墙面、集成吊顶、生态门窗、快装给水、薄法排水、集成卫浴、集成厨房八大施工安装系统(见图2.112)。

图 2.112　装配式建筑装饰施工系统图

1）集成地面系统

装配式建筑集成地面系统以模块化快装集成采暖地面系统为主,其基本构造是在结构地板的基础上,以地脚螺栓架空找平,在地脚螺栓上铺设以轻质地暖模块作为支撑、找平、结合等功能为一体的复合功能模块,然后在模块上附加不同的地面面材,整体形成一体的新型架空地面系统(见图 2.113)。该种地面系统既规避了传统以湿作业找平结合的工艺中的多种问题,又满足了部品工厂化生产的需求。

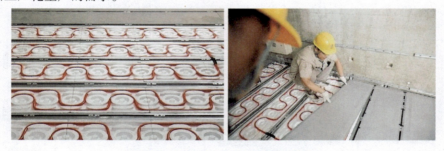

图 2.113　模块化快装集成采暖地面安装

当整个地面系统设计高度为 110 mm 时,居室、厨房及封闭阳台模块化快装采暖地面结构如图 2.114 所示,卫生间模块化快装采暖地面结构如图 2.115 所示,地暖模块剖面图如图 2.116所示。

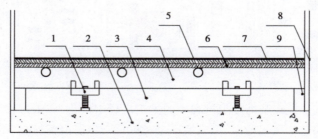

图 2.114　居室、厨房及封闭阳台模块化快装采暖地面结构图

1—可调节地脚组件;2—结构楼板;3—架空层;4—地暖模块;

5—16 mm×2 mmPE-RT 管,间距 150 mm;6—平衡层;7—饰面层;8—墙面;9—边支撑龙骨

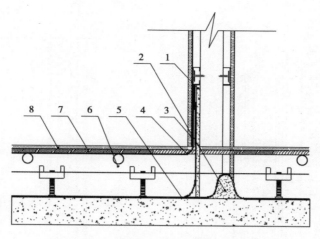

图 2.115　卫生间模块化快装采暖地面结构图

1—250 mm 高防水坝;2—止水门槛;3—PE 防水防潮隔膜;4—PVC 防水层;
5—聚合物水泥防水层;6—地暖模块;7—平衡层;8—饰面层(涂装板)

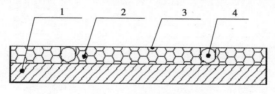

图 2.116　地暖模块剖面图

1—地暖模块骨架;2—保温层;3—镀锌钢板;4—16×2 mm PE-RT 管

2)集成墙面系统

　　装配式建筑装饰集成墙面系统的施工目前主要有快装轻质隔墙系统和快装墙面挂板系统两种方式。快装轻质隔墙系统是以轻钢龙骨隔墙体系为基础,饰面材料为涂装板,既满足了空间分隔的灵活性,又替代了传统的墙面湿作业,实现了隔墙系统的装配式安装(见图 2.117—图 2.119)。其中,根据国家规范对卫生间防水的要求,以及考虑到卫生间实际使用情况,卫生间墙面系统在龙骨内侧会加装 PE 防水层,保证空间的防水性,在接缝处做特殊防水处理。

图 2.117　快装轻质隔墙安装示意图

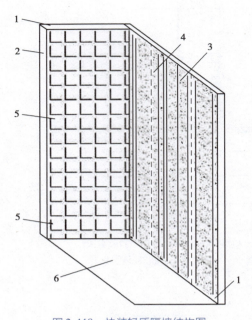

图 2.118　快装轻质隔墙结构图

1—天地龙骨;2—竖向龙骨;3—横向龙骨;
4—填充岩棉;5—涂装板;6—结构楼板

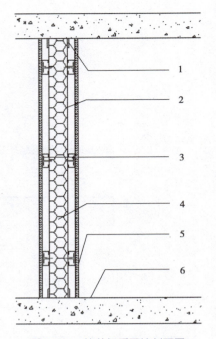

图 2.119　快装轻质隔墙剖面图

1—天地龙骨;2—竖向龙骨;3—横向龙骨;
4—填充岩棉;5—涂装板;6—结构楼板

快装墙面挂板系统是在传统墙面上以丁字胀塞及龙骨找平,在找平构造上直接挂板,形成装饰面(见图2.120),从而替代了传统的墙面湿作业,实现了饰面材料的装配式安装,提高安装效率和精度。

图 2.120　快装墙面挂板系统安装

3)集成吊顶系统

装配式建筑集成吊顶系统的安装方式主要结合轻质隔墙系统,采用专门支撑龙骨,将轻质吊顶板以搭接的方式布置于现有墙板上,不与结构顶板做连接的吊件,不破坏结构、施工便捷、施工效率高、易维护(见图2.121、图2.122)。

图 2.121　集成吊顶安装

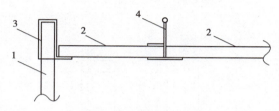

图 2.122　集成吊顶结构图

1—墙面板;2—吊顶板;3—"几"字形铝合金龙骨;4—"上"字形铝合金龙骨

4)生态门窗系统

装配式建筑生态门窗系统主要从门窗结构和用材上入手。在结构用材上,门窗套和门窗边扇包边采用高科技铝镁钛合金材料,表面采用阳极氧化处理,从而提高传统门窗在耐磨、耐压,防变形和防褪色方面的性能。门窗框结构采用整体压铸铸造而成,从而达到无缝隙、密封、隔音的效果。门窗玻璃采用 LOW-E 玻璃,降低门窗的导热系数,提高门窗的保温隔热性能。在安装方面可采用墙板集成化安装(见图 2.123)或墙板预留安装槽,选择 L 形安装件,门窗采用 JS 防水施工,表面墙体采用保温胀塞的安装方式(见图 2.124)。

图 2.123　墙板集成窗户安装

图 2.124　墙板预留槽窗户安装

5)快装给水系统

装配式建筑快装给水系统是布置于结构墙体与饰面层中间、采用即插式给水连接件连接的一种安装方式(见图 2.125、图 2.126)。该安装方式既满足了施工规范要求,又减少了现场的工作量,避免了传统连接方式的耗时及质量隐患等问题。

图 2.125　快装给水系统安装

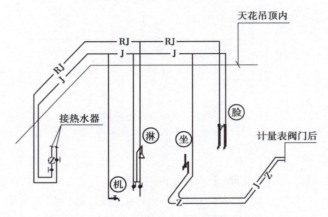

图 2.126　快装给水系统图

6)薄法排水系统

装配式建筑薄法排水系统在同层排水系统中,将 HDPE 或 PP 排水管材用橡胶圈承插方式连接的一种安装方式(见图 2.127),其目的是将架空层高度降到合理使用的最低值,同时便于现场施工和后期维护。

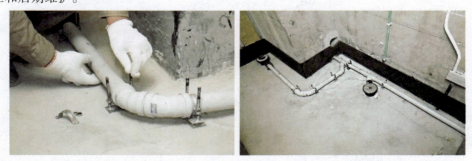

图 2.127　薄法排水系统安装

7)集成卫浴系统

装配式建筑集成卫浴系统是根据卫生间空间尺寸,在工厂加工整体卫生间底盘,结合给排水系统、地面系统、隔墙系统、龙骨吊顶系统,组成的一种集成整体卫浴系统(见图 2.128),同时采用专门的五金配件及卫浴配套部品、材料,满足卫浴空间装配式需求。

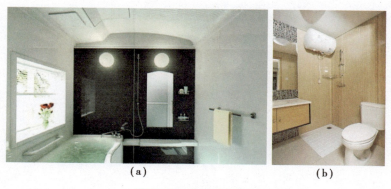

图 2.128　集成卫浴系统

8）集成厨房系统

装配式建筑集成厨房系统是指通过一体化的设计,综合考虑橱柜、厨具及厨用家具的形状、尺寸及使用要求,达到合理高效的布局和空间利用率高的一种厨房布置系统(见图 2.129)。

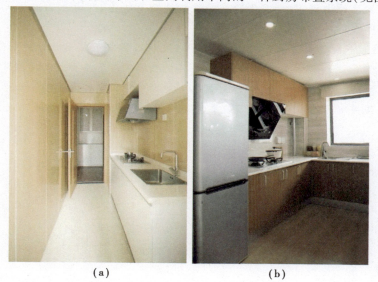

图 2.129　集成厨房系统

【综合案例】

装配式装修,行业的机遇与挑战

2020 年,因为疫情我们度过了最漫长的春节假期,也体验了惊人的"中国速度"——在数以千万"云监工"的在线督战下,仅用 10 天时间,总建筑面积达 3.39 万 m² 的火神山医院便从一片荒地上拔地而起!而随着火神山医院、雷神山医院相继"光速"问世,一种名为"装配式"的建筑也映入人们眼帘。

事实上,"装配式"装修并不是一个新概念。早在 20 世纪 50 年代,装配式建筑与装修的概念就已经开始在一些欧美国家应用。与传统现浇式建筑相比,装配式凭借其节能环保、施工高效等突出优势,在近年来越发受到国家的重视,一系列政策标准的颁布,也给建筑装饰行业的未来发展指明了方向。

装配式装修给行业带来的是机遇,给从事装饰行业的设计师们更多的是挑战。作为建筑装饰从业人员来说,只有学会转型,才能将挑战实现为机遇。

装配式装修设计师＝项目统筹

由于装配式装修的特殊属性,在项目的设计初始阶段便要开始考虑构件的拆分和精细化设计,并与结构、设备、电气、内装等紧密沟通,实现全流程一体化,这就要求设计师需要拥有项目经理一般的统筹能力和大局观。

装配式装修设计师＝心理专家

无论是传统装修行业的设计师,还是装配式装修的设计师,最终都是要给出客户满意的设计方案,因此,设计师们也要如同心理专家一般,具备一定的同理心和分析能力,充分了解目标用户和市场需求。

装配式装修设计师＝产品经理

如果把装修项目看成是一个产品,那么设计师就是它的产品经理。正所谓"一万个人就有一万个想法",装配式装修所谓的"标准化"也并不意味着普通、单一,这要求设计师拥有一套完整的、独到的产品思维体系,在标准化的基础上打造出有特色、有卖点的装配式装修爆款产品组合。

在建筑产业现代化转型背景下,装配式装修在发展过程中虽然面临着产业链重构、消费市场转化等问题,但在政策推动、工业4.0模式下,其发展终究是势不可挡的。对于目前已经从事装饰行业的设计师们来说,学会转型才会不被市场淘汰;对于目前正在学习装饰设计行业的同学们来说,学会统筹自己的职业生涯规划,才会得到社会更多的青睐。

课后习题

(1)简述装配式建筑的建筑设计流程。
(2)应用BIM技术有哪些环节?
(3)应用BIM技术设计完成建筑构件后,用什么方式保存建筑构件?
(4)用建筑三维构件组装成建筑整体模型,要注意什么原则?
(5)简述建筑的结构设计流程。
(6)用什么方法进行装配式建筑结构整体设计?
(7)装配式建筑结构构件设计有哪些内容?
(8)集成化构件设计要集成什么?
(9)什么是建筑产业化?什么是建筑构件产业化?
(10)什么是绿色环保建筑材料?
(11)构件生产的材料有哪些?
(12)建筑构件生产有哪些优势?
(13)简述建筑构件制作工艺。
(14)预制建筑构件有哪些养护方法?
(15)建筑构件有哪些存储方式?
(16)建筑构件有哪几种运输方式?

模块 3　装配式建筑管理

学习目标

（一）知识目标

1. 掌握装配式建筑多种结构形式的构件生产管理要点；
2. 掌握装配式建筑多种结构形式的施工组织管理要点；
3. 掌握装配式建筑成本控制要点；
4. 掌握装配式建筑物业管理要点；
5. 掌握装配式建筑工程监理与质量检测要点。

（二）能力目标

1. 具备装配式建筑构件生产管理的初步能力；
2. 具备装配式建筑施工组织管理的初步能力；
3. 具备装配式建筑成本管理的初步能力；
4. 具备装配式建筑物业管理模式构建的能力；
5. 能够熟练选择并运用各种方法进行装配式建筑投资控制、进度控制、质量控制；
6. 具备能迁移和应用知识的能力以及善于创新和总结经验的能力。

（三）素质目标

1. 树立严谨的工作作风、培养良好的职业习惯；
2. 具备科学的工作态度、高尚的情操、良好的职业道德和高度的社会责任感；
3. 具有"新技术、新规范、新工艺"的终身学习意识与能力。

教学导引

中华人民共和国成立以来，我国完成了许多超级工程和大规模基础建设，中国的公路、铁路、桥梁四通八达，"穿山""入水""上天"，一项又一项基建成就令人感叹，让中国在全球基建市场上留下了"基建狂魔"的名号。而近年来，中国建筑在用"中国技术"克服"世界难题"的基础上，更加注重绿色环保，引领着"可持续性建筑"的新浪潮。

与传统工地粉尘漫天、机器轰鸣的印象不同，走进装配式建筑项目施工现场，不见土方裸露，没有水泥和砂石，没有灰尘漫天，有的只是码放得整整齐齐的装配式建筑构件，调度有序的建筑工人、清晰明了的警示标识、清爽整洁的工地让人倍感安全与惬意。此外，装配式建筑施工工地大量减少了对木材和水等建筑材料的浪费，降低了工业污染排放及碳排放，施工质量和效率也得到了提升。

【问题与策略】

大多数人对装配式建筑的理解还停留在简单的概念层面。"像搭积木一样造房子"的背后，是一场深层次的建筑技术革新和产业升级。通过绿色发展、创新驱动，建筑业转型升级的路径日渐清晰。它从源头改变了传统建筑行业落后、粗放的生产方式，开启了从建筑"建造"走向"智造"的新征程。

本章结合装配式建筑最新施工工艺技术和规范，对接装配式建筑职业技能标准、装配式建筑专业人员岗位标准、全国装配式建筑技能大赛等，安排教学内容。通过"课、证、岗、赛"融通，助力技术技能复合型人才培养。

任务 3.1 装配式建筑构件生产与施工组织管理

构件生产与施工组织管理是根据工程的施工特点和施工设计图纸，按照工程项目的客观规律及项目所在地的具体施工条件和工期要求，综合考虑施工活动中人材机、资金和施工方法等要素，对工程的施工工艺、施工进度和相应的资源消耗等做出合理的安排，为施工生产活动的连续性、协调性和经济性提供最优方案，以最少的资源消耗取得最大的经济效益。它包括施工准备工作、全面布置施工活动、控制施工进度、进行劳动力和机械调配等内容。施工组织管理者需要熟悉装配式工程建设的特点、规律和工作强度，掌握施工生产要素及其优化配置与动态控制的原理和方法，还要应用组织理论选择组织管理模式，实施管理目标的控制。

装配式建筑的施工特点是现场施工以构件装配为主，在保证质量的前提下实现快速施工，缩短工期，节省成本，节能环保。工程进度、质量、安全、建造成本等是工程组织管理的控制目标，它们之间是相互联系、相互作用的，是不可分割的整体，缺一不可。

3.1.1 PC 结构构件生产与施工组织管理

装配式建筑
施工组织设
计策划

PC 结构装配式建筑施工主要包括构件预制、构件运输和构件装配 3 部分，在施工进度安排上，构件预制和构件装配准备工作（如场地平整、基础施工等工序）可以同时进行，构件运输应与构件装配相协调。

PC 结构各阶段组织管理要点有：

1）构件预制阶段

①PC 结构构件需严格按照设计要求预制，原材料应经检验合格后方可使用。

②生产车间高度应充分考虑生产预制构件高度、模具高度及起吊设备升限、构件重量等因素，应避免预制构件生产过程中发生设备超载、构件超高不能正常吊运等问题。

③技术人员和管理人员应熟悉施工图纸，了解各构件的钢筋、模板的尺寸等，并配合施工人员制订合理的构件预制方案，以求在施工中达到优质、高效及经济的目的。

2）装配准备阶段

①装配施工前应编制装配方案，装配方案应包括下列内容：

a. PC 构件堆放和场内驳运道路施工平面布置。

b. 吊装机械选型与平面布置。

c. PC 构件总体安装流程。

d. PC 构件安装施工测量。

e. 分项工程施工方法。

f. 产品保护措施。

g. 保证安全、质量技术措施。

h. 绿色施工措施。

②现场的墙、梁、板等的堆放支架需要进行安全计算分析,确保堆放期间的稳定性和安全性。

③为了避免进场构件的二次搬运影响施工进度,需要加强构件堆放的管理力度,完善构件的编号规则,对构件进行跟踪管理;对于进场的构件,应该及时按照预先制定的编号规则进行编号,堆放区域应根据施工进度计划进行合理划分,使得构件的堆放与相关吊装计划相符合。

④为确保大型机械设备在施工过程中安全运行,施工单位应首先要确保施工现场使用的机械设备是完好的。大型机械设备进场后,施工单位应对机械设备操作人员进行施工任务和安全技术措施的书面交底工作。

⑤施工现场机械设备多,塔吊工作、临时脚手架、构件安装过程等存在极大人员安全风险,制订有效的安全、文明施工管理措施具有重要意义。

3)装配阶段

PC 结构装配式建筑施工核心难点在于现场的构件装配。现场施工存在很多的不确定性,且装配式构件种类繁杂而多,要想顺利完成既定的质量、安全及工期目标,就必须对施工现场进行有效的组织管理。

①PC 结构构件在临时吊装完毕之后,节点混凝土浇筑之前,所处的受力状态很危险。为了确保整个施工过程的安全,减小构件的非正常受力变形,在节点混凝土浇筑之前需要设置临时支架,但是如果支架不牢固,将对工人操作造成极大安全风险,同时对工程建设造成严重后果。因此,装配式构件的下部临时支撑应该严格按照方案进行布置,构件吊装到位后应及时旋紧支撑架,支撑架上部作为支撑点型钢需要与支撑架可靠地连接。支撑架的拆除需要在上部叠合部分中现浇混凝土强度达到设计要求后实施。支撑架在搭设过程中,必须严格按照规范操作,严禁野蛮操作、违规操作。

②PC 结构构件在施工过程中需要采用大量起重机械,由于起吊高度和重量都比较大,且部分构件形状复杂,因此对吊装施工提出了很高的要求。吊装位置选择的不合理可能影响工程的建设和工人的操作安全。综合以往经验,可采取以下技术措施:

a. 为了确保吊装的安全,吊点位置的确定和吊具的安全性应经过设计和验算,吊点必须具备足够的强度和刚度,吊索等吊具也必须满足相关的起吊强度要求。

b. 吊车司机经验必须丰富,现场必须有至少一名起吊指挥人员进行吊装指挥,所有人员必须全部持证上岗。

c. 吊装影响范围必须与其他区域临时隔离,非作业人员禁止进入吊装作业区,吊装作业人员必须按规定佩戴安全防护用具。

③对于预制率较高的 PC 结构装配式建筑,现场构件类型多,构件是否能够良好地定位安装将影响结构的外观与受力性能,构件装配完成后应及时对构件的标高、平面位置以及垂直度偏差等进行校正。

④PC 结构外墙板的拼缝是装配式建筑一个重要的防水薄弱点,如果无法保证此处的施工质量,将会发生外墙渗漏的问题,在施工过程中应该加强防水施工质量的管控力度,确保防水施工的质量,满足设计文件的相关要求。

3.1.2　PS 结构构件生产与施工组织管理

装配式建筑构件生产管理策划要点

钢结构与轻钢结构装配式建筑的施工过程是一个错综复杂的系统工程,应该充分认识到施工的困难性、复杂性,对施工前、施工过程中、施工质量、施工工期等进行严格管理。在进行施工前管理时,要对整个工程施工有一定的了解,掌握施工技能,并根据施工特点制订详细周密的施工计划。在施工过程中,要严格按照施工规范标准控制施工各个阶段的施工要点,确保施工质量和施工安全,并在施工过程中不断调整和完善施工方案,使其更接近实际需求,从而使工程以高效率、高质量顺利完成。钢结构与轻钢结构施工各阶段组织管理要点有:

1)预制阶段

钢结构与轻钢结构构件需严格按照设计要求预制,要检查所使用的材料尺寸和质量,以及钢材在焊接后和矫正后的质量,并对构件的除锈处理质量进行检查等。同时,还应该对螺栓摩擦面、螺栓孔洞质量等进行检查。在施工之前,通过试验检查钢结构制造工艺是否符合规范要求,对于钢结构的焊接工艺,在试验时可以根据具体的施工内容合理调整焊接形式;对于不同的钢柱,要结合具体的施工内容制订具有可行性的施工方案。

2)装配准备阶段

(1)施工场地准备

在施工之前,应该对施工场地进行平整,确保场地通畅,从而方便施工人员施工,使工程顺利、有序地进行。

技术资料的准备

(2)施工技术准备

施工技术是确保工程质量的前提。在施工之前,施工管理人员首先应该对相关的技术验收规范、操作流程等有一定的了解,熟练掌握操作流程,并分析工艺流程中的一些要点,掌握工艺技术要领,以便运用时能够得心应手;其次,审阅并熟悉设计图纸以及工程的相关文件,在对设计意图掌握后通过实践调研制订施工组织设计方案;再次,对施工现场的材料、构件等进行取样,检验使用材料、构件的质量,确保其质量符合质量标准;最后,对现场的焊条、钢板等进行全面检查,以为后续施工做好准备,确保工程施工有序进行。

装配式建筑现场施工材料的准备

为了提高施工人员的施工技能,施工单位在施工之前应该加大培训施工人员,让施工人员了解施工的质量、技术和安全等问题,从而确保工程的质量和安全;在施工之前,应该对施工场地进行平整,确保场地通畅,从而方便施工人员施工,使工程顺利、有序进行。

现场施工平面布置与施工组织

(3)吊装准备

应该结合钢结构与轻钢结构的质量、建筑物布局以及施工场地的空间等选择相应型号塔吊,并对其进行合理布置,从而确保塔吊的安全性、可靠性、稳定性等。

在进行钢结构与轻钢结构施工时,一般工期相对较短且工作量相当大,因此在前期工作中很容易出现构件运输到施工现场的顺序发生错乱,造成施工现场局面混乱。对于这些情况,在运输各种构件时要严格检查,并且制订详细的计划,按照计划有顺序地运进构件。同时在构件上标明序号,以方便吊装,或者将先要吊装的构件放在上面。同时在起吊之前,要确保构件的质量。

预制构件吊装机械选择

3）装配施工阶段

在钢结构和轻钢结构施工过程中,最重要的工序是吊装装配,吊装装配质量的好坏直接影响着工程的整体质量。在对构件进行吊装装配时,主要有柱、梁、斜撑、屋架等吊装装配。柱和梁吊装装配完成后,需要对构件的标高、平面位置以及垂直度偏差等进行校正。对钢结构和轻钢结构装配质量进行控制时,主要是以标高、垂直度以及轴线作为重要指标,工程管理人员通过判断这些指标来判定钢结构的安装质量。

此外,在整个施工过程中,管理人员还需注意控制施工质量和施工工期,并确保施工的安全性、文明性。

4）施工质量和施工工期控制

钢结构和轻钢结构施工工期相对较短,在施工管理过程中应该严格控制施工工期。在钢结构和轻钢结构的施工过程中如果采用先进的设备和施工技术,并且按照科学的管理方法和管理组织对施工过程进行管理,那么在一定程度上就会缩短钢结构和轻钢结施工工期并且保证在短期内的施工质量。对于施工质量的控制,施工单位可以通过培训施工人员,提高施工人员的专业技能,让施工人员掌握先进的施工技能,然后在施工过程中根据施工的具体要求和施工特点选择相应的施工技术。同时,施工人员还应该采用先进的施工设备进行施工,提高钢结构和轻钢结施工技术含量和施工进度,从而缩短施工工期。对于钢结构和轻钢结施工质量和施工工期的控制,只有施工单位、监理单位以及建设单位等方面进行合理、有效配合,共同完成工程施工管理,并通过建立科学、有效的管理方案和管理系统,从而确保施工管理的有效性。

5）施工的安全性、文明性

在钢结构和轻钢结构施工过程中,安全是人们最为关注的问题。钢结构和轻钢结构施工是在高空进行作业,如果塔吊绳索或者构件质量没有进行详细检查就起吊,就会很容易发生坠落;构件中的小零件不牢固也会很容易发生坠落,从而引发安全事故,造成人员伤亡。因此,在施工现场甚至要有专门的管理人员,负责施工现场的安全,同时制订相应的安全制度;对于违规操作者,应该给予一定的惩罚,从而确保钢结构施工的安全性和文明性。

【综合案例】

某装配式钢结构住宅示范项目亮点分析

某省重点装配式示范项目总建筑面积约 13.7 万 m^2,其中地下室 3.8 万 m^2、地上 9.9 万 m^2;主体结构采用扁钢管混凝土柱框架-支撑结构体系;楼盖采用钢-混凝土组合楼盖;内、外墙为硅镁轻质隔墙板;飘窗、卫生间沉箱为 PC 预制构件,钢结构总用钢量约 1 万 t。项目采用多项自主研发的新技术、新工艺。

该项目在施工建设中的工程亮点分析:

亮点1:扁钢管混凝土柱框架-支撑结构体系

将钢柱、钢梁全隐藏于墙体内,从外表上看,钢结构建筑与普通建筑并无区别。

亮点2:钢管柱施工工艺、梁柱节点采用新型栓焊混合连接节点作为装配式钢结构建筑试点项目,在钢柱对接节点上,采用了新式夹具固定塞焊安装法,这一施工方法的优点是施工现场不再需要硬性支撑及缆风绳,同时在梁柱节点上采用新型栓焊混合连接节点,其特点是节点不需设置柱内横隔板,制作简单,柱内混凝土浇灌更方便,施工速度快。

亮点3:装配式钢筋桁架楼承板安装工艺

在安装前,设计人员首先通过软件进行预铺装,利用预铺装提前掌握材料用量、预制要求、边模节点处理等。之后根据楼承板铺设位置完成边模铺设、焊接角钢、绘制定位线、灌浆浇筑等步骤。项目所用钢筋桁架楼承板是在公司装配式钢结构加工基地完成组装后运至施工现场吊运安装的。

亮点4:内外墙体施工工艺

内外墙采用硅镁加气混凝土条形板。优点有高强、轻质、保温隔热、隔音、安装便捷、砌筑功效高、墙面平整美观、防火性能好等,属环保材料。

思考探究:同学们还能想到哪些装配式建筑施工技术亮点?

任务3.2 装配式建筑成本控制

对于装配式建筑来说,建筑工程成本控制是装配式建筑的重要环节,具有至关重要的作用。随着科学技术的不断发展,建筑工程技术也得到了前所未有的发展,不但可以提高建筑质量,还能保证建筑企业经济效益。装配式建筑只需要将预制的构件运送到工地,然后在现场进行装配即可。和传统的建筑相比较,装配式建筑的工程量明显减少,建造的速度也快很多。另外,装配式建筑还具有节能环保的特点,建筑构件可以实现循环利用,同时还能有效保证建筑工程质量。

现阶段,我国装配式建筑工程存在的最大问题是造价成本过高,严重影响了装配式建筑的大范围推广,所以必须要做好工程造价和成本控制。

装配式建筑工程需要使用到大量的PC预制构件,而其生产成本和安装成本是一笔较大的费用,这在一定程度上增加了装配式建筑工程的成本。根据国家对装配式建筑工程的新要求,其PC预制构件率必须达到53%,在原来22%的基础上提升了很多,这也在无形中加大了装配式建筑的造价成本。装配式建筑工程发展目前还不够成熟,还没有形成健全的市场管理制度,导致一些PC预制构件价格过高。另外,现在的装配式建筑工程规模比较小,各种预制构件的制造成本也就比较高,如果能够形成规模化生产,厂商制造PC预制构件成本就会减少,这也就意味着装配式建筑工程造价会变低。当前,生产装配式建筑需要的预制构件的厂家并不是很多,工厂距离施工现场都比较远,这样也会产生高额的运输费用,同样也会增加建造成本。

目前装配式建筑还在发展的初级阶段,由于还没有形成规范的行业标准,存在着工程造价和成本过高的情况。因此,装配式建筑工程要认真分析造价成本高的原因,全过程体现"预设性、精准性和科学性",然后有针对性地予以解决,只有这样才能提高工程经济效益。

装配整体式结构的土建造价主要由直接费(含预制构件生产费、运输费、安装费、措施费)、间接费、利润、规费、税金组成,与传统方式一样,间接费和利润由施工企业掌握,规费和税金是固定费率,构件费用、运输费、安装费的高低对工程造价起决定性作用。

其中,构件生产费包含材料费、生产费(人工和水电消耗)、模具费、工厂摊销费、预制构件厂利润、税金组成,运输费主要是预制构件从工厂运输至工地的运费和施工场地内的二次搬运费,

装配式建筑成本控制措施

安装费主要是构件垂直运输费、安装人工费、专用工具摊销等费用(含部分现场现浇施工的材料、人工、机械费用),措施费主要是脚手架、模板费用,如果预制率很高,可以大量节省措施费。

从以上可以看出,由于生产方式不同,直接费的构成内容有很大的差异,两种方式的直接费高低直接决定了造价成本的高低,如果要使装配整体式结构的建设成本低于传统现浇结构,就必须降低预制构件的生产、运输和安装成本,使其低于传统现浇方式的直接费,这就必须研究装配整体式结构的结构形式、生产工艺、运输方式和安装方法,从优化工艺、集成技术、节材降耗、提高效率着手,综合降低装配整体式工法的建设成本。

影响装配式建筑造价成本的因素很多,有原材料成本、人工成本、物流成本、施工技术水平等。控制装配式建筑主体工程的造价,主要可以从控制构件成本和运输成本,提高施工现场管理水平、减少施工现场材料浪费等方面着手。

3.2.1　装配式构件生产成本控制

装配整体式混凝土结构是由预制混凝土构件通过可靠的方式进行连接并与现场后浇混凝土、水泥基灌浆料形成整体的装配式混凝土结构,即 PC 与现浇共存的结构。PC 构件种类主要有:外墙板、内墙板、叠合板、阳台、空调板、楼梯、预制梁、预制柱。可以从以下 2 个方面控制装配式建筑的构件成本:

(1)优化设计,提高预制率和构件重复率

预制率是指装配式混凝土建筑室外地坪以上主体结构和围护结构中预制构件部分的材料用量占对应构件材料总用量的体积比。预制率是单体建筑的预制指标,如某栋房子预制率15%,是指预制构件体积 150 m^3 占总混凝土量 1 000 m^3 的比率。我国目前装配式建筑预制率较为低下,因而构件场内和现场施工成本均居高。因此,欲控制装配式建筑造价,关键是要提高预制率,发挥吊车使用效率,最大限度避免水平构件现浇,减少满堂模板和脚手架的使用。

另外,由于装配式建筑在我国发展时间不长,装配式建筑应用并不普及,导致装配式建筑的模板重复利用率低。所以,应在满足建筑使用功能的前提下,通过 PC 构件标准化、模数化,设计和生产标准化构配件,使它能在装配建筑上通用,只有这样才能降低构件成本。设计优化的措施主要有:

①装配式结构采用高强混凝土、高强钢筋。

②采用主体结构、装修和设备管线的装配化集成技术。设备管线应进行综合设计,减少平面交叉,采用同层排水设计;厨房和卫生间的平面尺寸满足标准化整体橱柜及整体卫浴的要求。

③建筑的围护结构、配套构件(楼梯、阳台、隔墙、空调板、管道井等)、室内装修材料采用工业化、标准化产品;门窗采用标准化部件。

④外墙饰面采用耐久、不易污染的材料,采用反向一次成型的外墙饰面材料;外墙保温改成内保温,喷涂发泡胶。

⑤适当提高构件重复率。通过技术改进,提高构件重复率,尽量减少模具种类、提高周转次数,从而大幅降低成本。

(2)降低构件的运输成本

装配式建筑的物流成本是影响工程造价的重要因素,降低物流成本的方法有:就近生产、就近运输,缩短从产地到工地的距离;化整为零,大批量采购。

3.2.2　主体工程成本控制

装配式建筑工程采用预制装配式柱、剪力墙及楼板底模,减少了现场混凝土浇筑量、砌筑量和部分抹灰。因此,在桩与地基基础工程、砌筑工程、现浇钢筋混凝土(含模板工程)、屋面及防水工程、保温隔热工程、楼地面工程,建筑物超高人工、机械降效,措施费及塔吊基础等分项工程及其他等方面投入的成本明显减少。在施工阶段的成本控制措施主要有:

①改进 PC 构件制造工艺,降低工厂措施摊销费用。

②改进安装施工工艺,降低机械、人工消耗。

③室内装修减少施工现场的湿作业。

④提高连接的技术和效率。连接是装配式建筑施工的难点和重点:一是预制构件之间的连接;二是预制构件与新浇筑混凝土之间的连接。解决了连接的技术难题和效率问题,装配式建筑的应用瓶颈等问题就迎刃而解。

【综合案例】

案例1:万科住宅项目

万科住宅产业化调查报告显示,实现大面积工厂化作业后,钢模板等重复利用率提高,建筑垃圾减少 83%,材料损耗减少 60%,可回收材料增加 66%,建筑节能达 50% 以上;由于传统的砌装隔墙改为轻钢龙骨隔墙,则扩大了房屋的使用面积(每 70 m^2 可增加约 0.6 m^2 的使用面积)。施工现场的作业工人明显少了,原来需要几百人的现在只需要 20~30 人。

2008 年,国内首例流水线式生产的万科新里程项目的两栋住宅楼在上海诞生。该项目的外墙结构完全采用 PC(预制钢筋混凝土)结构,在工厂生产出墙板,在现场对每面墙拼装就可以组合出标准的模块式房屋,房子的建造过程恰似在流水线上进行生产。PC 主体结构一直以每层 5 天的进度顺利向上推进,现场工人最大可减少 89%,大大减少了现场安全事故发生率。万科在产业化工程中已经形成了一套较为全面的装配化建筑技术,并从中获益。

(1)新工艺与新材料

新工艺:超高层预制框筒结构技术;双重壁连接工艺;预制装配整体框架连接工艺。

新材料:无污染及弱挥发材料;保温隔热材料;超强混凝土及超强钢筋。

(2)VSI 技术体系

结构设计采用了结构骨架与填充设施分离的设计理念。其中,结构骨架包括结构主体、承重墙体、公共设备设施及公共管线,填充设施包括非承重墙体、装修体系、户内管线、户内设备设施。结构骨架按照 70~100 年使用寿命设计,充分考虑构造耐久性,填充设施可独立于结构骨架进行改建与修缮(见图 3.1)。

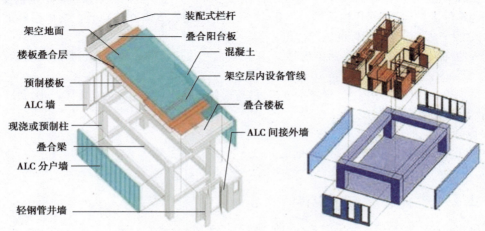

预制梁柱节点   预制楼板

图3.1 骨架图

（3）与传统工艺的对比结果

①节能方面：建造过程中的集中生产使得建造能耗低于传统手工方式，见表3.1、表3.2。

表3.1 每立方米混凝土耗能比较表

统计项目	工业化施工		传统施工	
	资源消耗环节	能耗量	资源消耗环节	能耗量
每立方米混凝土能耗（千克标准煤）	施工现场电耗	9.33	施工现场电耗	26.7
	泵送混凝土油耗	0.84	泵送混凝土油耗	0.361
	吊装构件油耗	2.53		
	生产构件电耗	4.04		
	总能耗	16.74	总能耗	27.06

表3.2 每平方米能耗对比表

统计项目	工业化项目	传统施工	减排比例
每平方米能耗（千克标准煤/m^2）	14.71	19.11	23%

②节水方面：工业化生产改变了混凝土构件的养护方式，实现养护用水的循环使用（见表3.3）。

表3.3 节水对比表

统计项目	工业化项目	传统施工	较传统项目减少
每平方米水耗（t/m^2）	0.314	1.43	79%

③节材方面：工厂化集中生产的方式，降低了建筑主材的消耗；装配化施工的方式，降低了建筑辅材的损耗。

④环保方面：现场装配施工相较传统的施工方式，减少了建筑垃圾的产生、建筑污水的排放、建筑噪声的干扰、有害气体及粉尘的排放（见表3.4）。

表 3.4　建筑垃圾比较表

统计项目	工业化项目	传统施工	较传统项目减少
每平方米产生垃圾量(m³/m²)	0.002	0.022	91%

实现工业化项目应用之后,能源消耗和资源损耗均有较大幅度降低,降低幅度随着工业化项目所占比例提升而同比降低(见图 3.2)。

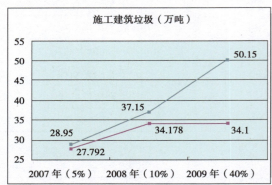

图 3.2　工业化应用与否资源能源消耗对比分析表

(4)成本效益

①生产效率及设备周转率。提高生产效率,提高设备周转率,可大幅提高企业单位时间的盈利能力。以 18 层的小高层住宅为例,使用工业化的生产方式可提高生产效率 40%～55%,提高设备周转率 60%。

②资金周转率。工业化技术可提高资金运营效率,这是提高开发企业盈利水平的关键。以 18 层的小高层住宅为例,使用工业化的生产方式,上部主体平均能够缩短 150 天施工周期。显然能够为企业提前争取到资金的回流,加快企业资金的运作率。

案例 2:太原市某工程

该项目位于太原市,项目为地下 2 层,地上 29 层。地下 1 层为住户储藏间、电信间、低压配电室、弱电房,地下 2 层平时为住户储藏间,地上两个单元。该工程传统式/装配式总建筑面积为 24 944.065 m²/25 659.56 m²,总建筑高度为 99.30 m。

装配式建筑与传统建筑施工图预算造价分析对比：在假定设计标准和质量要求相同的前提下，分别采用装配式和传统式施工方式下施工图预算的造价对比见表 3.5。

表 3.5　5 号楼装配式建筑与传统式建筑施工图预算造价对比表

序号	分项工程	装配式		传统式		装配式与传统式平方米差价（元）
		总造价（元）	平方米造价（元）	总造价（元）	平方米造价（元）	
1	建筑工程	47 289 542.70	1 842.96	29 392 838.99	1 178.35	664.61
2	装饰工程	12 210 358.22	475.86	15 403 209.58	617.51	−141.65
3	给排水工程	1 103 361.08	43.00	1 128 220.66	45.23	−2.23
4	采暖工程	1 579 089.32	61.54	1 579 208.76	63.31	−1.77
5	电气工程	3 246 960.72	126.54	3 895 514.63	156.17	−29.63
6	人防工程	228 113.49	8.89	228 238.19	9.15	−0.26
	合计	65 657 425.53	2 558.79	51 627 230.21	2 069.72	489.07

通过对该项目两种施工模式下施工图预算造价的比较，可以看出：装配式建筑与传统式建筑相比，最主要的价格劣势在土建工程上面，高出 664.61 元/m²；其余的各个分项在造价成本上，装配式建筑都有着一定的优势。

根据山西省现行的造价定额、参考外省有关装配式定额的相关子目，同时结合当地的实际情况进行分析与计算：采用现浇式进行施工的建筑造价主要构成分为人、材、机、企、利、规、税几个部分，主要是根据图纸的工程量进行计算得到造价。那么下面就两种模式下土建工程预算数据进行拆解分析，见表 3.6。

表 3.6　5 号楼土建工程造价对比表

	项目名称	传统式总造价（元）	装配式总造价（元）	传统式单价（元）	装配式单价（元）	传统式和装配式单价差（元）
地下建筑工程	土方工程	1 283 629.06	1 283 629.06	51.46	50.03	1.43
	地基处理工程	3 768 591.18	4 332 395.41	151.08	168.84	−17.76
	砌筑工程	100 245.15	97 277.04	4.02	3.79	0.23
	钢筋混凝土工程	2 783 985.07	3 176 704.23	111.61	123.80	−12.19
	地下防水工程	396 909.40	396 909.40	15.91	15.47	0.44
	其他工程	6 100.17	6 100.17	0.24	0.23	0.01
	脚手架	132 763.53	132 763.53	5.32	5.17	0.15
	模板	575 972.15	564 009.46	23.09	21.98	1.11
地下建筑工程小计		9 048 195.71	9 989 788.30	362.74	389.32	−26.58

续表

项目名称		传统式总造价(元)	装配式总造价(元)	传统式单价(元)	装配式单价(元)	传统式和装配式单价差(元)
地上建筑工程	砌筑工程	1 784 573.85	1 484 948.52	71.54	57.87	13.67
	钢筋混凝土工程	12 334 601.87	11 072 472.24	494.49	431.51	62.98
	PC 构件	0.00	18 277 344.28	0.00	712.30	−712.30
	大型机械	144 790.26	144 790.26	5.80	5.64	0.16
	脚手架	1 204 847.27	1 274 686.13	48.30	49.68	−1.38
	模板	4 875 752.69	5 045 473.56	195.47	196.63	−1.16
地上建筑工程小计		20 344 565.94	37 299 714.99	815.61	1 453.64	−638.03
装修工程	楼地面工程	3 488 231.31	3 505 950.41	139.84	136.63	3.21
	踢脚线工程	44 074.75	44 074.75	1.77	1.72	0.05
	墙柱面工程	3 772 706.22	1 598 205.29	151.25	62.28	88.97
	天棚工程	126 530.28	124 286.44	5.07	4.84	0.23
	门窗工程	2 753 149.00	2 717 984.25	110.37	105.92	4.45
	屋面工程	310 155.81	310 155.81	12.43	12.09	0.34
	其他工程	2 105 516.73	2 105 516.73	84.41	82.06	2.35
	外装工程	2 409 005.83	1 707 357.10	96.58	66.54	30.04
	大型机械	25 682.60	25 682.60	1.03	1.00	0.03
	脚手架	368 168.71	71 213.68	14.76	2.78	11.98
装修工程小计		15 403 221.24	12 210 427.06	617.51	475.86	141.65
土建部分合计		44 795 982.89	59 499 930.35	1 795.86	2 318.82	−522.96

根据表3.6对数据进行的整理与分析可以得知:采用装配式建筑工程在实际造价的对比当中,由于PC构件加工安装一项产生了较高的成本,拉大了装配式建筑与现浇建筑之间的成本差异。

案例3:回龙观1818-028地块3#住宅楼

(1)项目概况

该项目包括6栋住宅楼和1个地下车库,均为保障性住房项目,总建筑面积为122 292 m²。工程于2011年4月1日开工,2011年12月31日结构封顶,2012年10月30日竣工,结构工期计划6天一层。

(2)工业化项目

13~27层楼板采用预制叠合板,8层以上采用清水混凝土饰面预制楼梯,一次成型,不进行二次装修。本工程预制叠合板楼板最重为2 t,预制楼梯最重为3.7 t,选择了JL150型塔吊,在塔吊40 m臂范围内覆盖整个吊装厂区和卸料区。

（3）综合经济分析

本工程2#、3#楼结构完全相同,2#楼顶板为常规施工,顶板无叠合板,3#楼为叠合板,故将2#、3#楼进行对比。

①叠合板费用对比:通过经济分析对比得出,叠合板施工与常规全现浇顶板施工相比综合成本每层增加6 018.58元(见表3.7),主要原因是构件模具费用及运输费用造成预制构件成本较高。

表3.7　叠合板费用对比

序号	项目名称			现浇顶板(2#)		叠合板(3#)		现浇顶板和叠合板
				工程量	合价(元)	工程量	合价(元)	价差(元)
1	人工费				1 6614.03		28 961.48	−12 347.45
2	材料费	钢筋		8.268 t	40 347.84	6.558 t	32 003.04	8 344.80
3		木方	50 mm×100 mm	1 284 根	34 668.00	700 根	18 900.00	15 768.00
4			100 mm×100 mm	264 根	14 784.00	264 根	14 784.00	0.00
5		模板	2 440 mm×1 220 mm	240 张	34 800.00	144 张	20 800.00	13 920.00
6		现浇混凝土		65.50	28 820.00	36.15	15 906.00	12 914.00
7		预制构件		0.00	0.00	29.35	39 556.80	−39 556.80
8		其他材料费		1.00	1 112.13	1.00	1 626.07	−513.94
9	机械费	机械费		1.00	471.51	1.00	5 165.38	−4 693.87
10		其他机械费		1.00	348.26	1.00	201.58	146.68
直接费合计					171 965.77		207 672.35	−6 018.58

a.预制构件模具费用:本工程叠合板构件生产总造价约110万元,其中叠合板模具9套,成本约27万元,模具费用所占比例为20%左右。

b.叠合板运输:叠合板的运输平均每车只能运12块,运输费用摊销较大。

②材料:叠合板施工,现场经优化,5 mm×10 mm木方节省50%,顶板模板节省70%,顶板模板材料节省29 688元。

③用工对比:人员投入上,叠合板施工增加吊装工、水电工共计14人(见表3.8),人工费每层比现浇楼板多投入12 347.45元。

表3.8　2#、3#楼用工对比

楼号	模板工(工时)	钢筋工(工时)	吊装工(工时)	水电工(工时)	合计(工时)
2#楼	9	9	0	6	24
3#楼	9	9	12	8	38

④用时对比:叠合板和现浇楼板施工时间上,叠合板顶板支模、混凝土浇筑用时比现浇板节

省,但吊装、水电安装上用时较多,综合用时叠合板施工比现浇板少0.5 h(见表3.9)。

表3.9 用时对比

楼号	顶板支模（h）	底铁绑扎叠合板吊装（h）	水电安装（h）	负弯矩筋绑扎（h）	混凝土浇筑（h）	合计（h）
2#楼	6	绑扎2.5	3	3	3	17.5
3#楼	5	吊装3	4	3	2	17

⑤预制楼梯:预制楼梯施工比现浇楼梯施工省费用:1 750元+3 110元-4 145元=715元(见表3.10)。

表3.10 预制楼梯施工与现浇楼梯费用对比

项目	材料费（元）	人工（元）	机械设备（元）	综合（元）	时间（min）
预制楼梯	4 000	50	95	4 145	20
现浇楼梯（结构）	2 700	380	30	3 110	150
项目	结构修理（元）	装修材料费（元）	装修人工费（元）	装修机械费（元）	综合（元）
现浇楼梯（装修）	150	800	600	200	1 750

(4)施工的成效

①节能减排效果显著。在工业化的实施过程中,对其物耗、能耗进行了统计,并与传统建造方式进行了比较,结果如下:顶板模板节省了70%,顶板龙骨节省了50%;工厂化施工减少了钢筋废料的产生,减少了养护用水和现浇混凝土泵车及罐车冲洗用水;由于工业化项目涉及较多的构件吊装,施工耗电量没有显著降低。

②施工效率提升。就传统建造方式的2#楼与工业化建造方式的3#楼进行了工期对比,叠合板每层施工时间比传统楼板施工方式用时节省0.5 h,效率提升不显著;预制楼梯与传统现浇楼梯施工用时相比,效率提升约87%。

③减少对环境影响。工业化作业的实施,减少了现场混凝土浇筑,降低了垃圾的产生,减少了混凝土车辆及设备的清洗,降低废水的产生,减少了现场操作工艺,降低了施工噪声。

④质量提升效果明显。预制构件采用蒸养方式,保证了混凝土强度,确保了结构工程质量;预制构件安装便捷,减少了现场施工量,减少了手工作业,有效降低了由于人员素质参差不齐造成的质量通病产生率;预制构件观感好,精度高,减少了结构的修理,为装修提供了便利条件,避免了装修材料的浪费,尤其是预制楼梯整体为清水混凝土浇筑,混凝土密实,颜色均匀一致,无需再做装饰面,品质坚固、安装便捷、外表美观。

3.2.3 给排水工程成本控制

装配式建筑的给排水工程造价控制是指建筑企业对在给排水工程中发生的各项直接支出和间接支出费用的控制,包括对直接工资、直接材料、材料进价以及其他直接支出,直接计入成本。装配式建筑的给排水工程造价控制的工作,贯穿给排水项目建设的全过程,必须重视和加强对给排水施工项目的设计、施工准备、工程施工、竣工验收等各个阶段的成本控制,强化全过程控制。

1）给排水工程材料成本控制

装配式建筑的给排水工程中材料费所占的比重达到了 70% ，而且有较大的节约潜力，因此，能否节约材料的成本成为降低工程成本的关键。材料节约要严格控制给排水材料消耗量，即执行限额领料制度。首先，相关部门需要根据工程的进度严格执行限额领料制度，控制给排水材料的消耗量，超过定额用量并核实为施工队未按时完工造成的，就需要在工程结算时从施工队的工程款中扣除；其次，要加强施工现场的管理，减少仓储、搬运和摊销的损耗，并坚持对各种材料的余料进行回收，将材料的损耗率降低到最低水平；最后，要密切关注材料市场的行情，根据材料价格的变动合理确定材料采购时间，尽可能避免因价格上涨而造成项目成本的增加。

2）给排水工程施工与施工管理成本控制

装配式建筑的给排水工程在施工阶段分为施工前和施工两个阶段，因此在这两个阶段，进行造价控制与管理是最为关键的。施工前，必须编制施工计划、划分施工任务、会审施工图纸、编制质量计划、编制施工组织设计来保证工程的顺利开展。

对于施工阶段的造价控制，比较有效的方法是将工程造价的控制节点前移，对施工承发包的行为进行控制，避免施工过程留下隐患或者产生造价失控的现象。

由于工程设计及招投标阶段已完成，工程量基本完全具体化，在工程施工阶段影响工程造价的可能性相对要小些。但往往在这阶段里，特别是给排水管道工程项目，由于工程建设工期拖延、涉及经济及法律关系复杂、受自然条件和客观因素的影响，常导致项目的实际情况与招投标时工程情况会有些变化，所以在真正形成工程实体的施工阶段，也要通过加强以下 4 个环节来加强造价控制，否则也会引起造价失控。

①要建立设计变更管理制度，严格将工程变更纳入控制范围。施工前，要组织施工人员到现场踏勘，并对图纸进行会审和技术交底，尽可能把设计变更提前。一般无特殊情况坚决不作变更，对必须发生的设计变更，设计方应出具设计变更通知，填报规定格式的签证单，明确签证项目的工程数量和金额，经监理单位、发包人、承包人三方现场代表签字或加盖公章认可。若设计变更增加投资累计达到批准项目预算 3% ，发包人应当事先报项目审批部门及预算审批部门备案；增加累计达到 5% ，应重新审批，否则不得实施。

②要严格现场签证管理，实时掌握工程造价变化。给排水管道工程项目建设，一是地下隐蔽工程多，二是现场情况复杂，因此要充分理解招投标文件及有关会议记录内容，分析其所直接或间接包含的工程内容，恰当处理工程现场签证。现场变更一旦发生就要求施工、监理及时计算增减的费用，量化签证内容。对填报的签证，一定要严格按合同原则及项目的有关规定办理，与监理人员一起到现场进行丈量，认真核准其真实性。施工单位往往只填写增加的子项，而不填写减少的子项。如在管槽开挖中，施工队往往只填写增加的开挖量、回填量、抽水台班，而不核减未进行支护的措施和抽水机未进行工作的时间。

③要加强现场协调管理和工程进度款支付的控制。给排水管道工程项目建设，往往涉及部门多，应定期召开现场协调会，统一施工顺序、时间节点、明确责任。同时要求建设方代表在沟槽开挖和管道埋设时在现场，并审核监理单位审核后的实际完成有效工程量的真实性，为按合同付款提供正确依据，并随时检查进度款的运用情况，保证工程正常推进。

④要把好结算审查关和抓紧做好项目竣工决算工作。目前，给排水管道项目结算大多采用

工程量清单计价,因此在结算时应重点做好工程量审查。结算的工程量应以招投标文件和承包合同中的工程量为依据,在熟悉图纸和工程量计算规则的情况下,特别要对施工签证单的符合性和合理性进行详细审查,而建设方的造价控制人员应与审核单位进行这方面交底,工程结算造价才能有个合理定价。由于给排水管道项目往往大多为"政府工程",在完成结算后,要抓紧做好工程结算送审和建设项目竣工决算工作,为考核资产投资效果和今后办理交付使用资产提供依据。

3.2.4　电气与设备工程成本控制

电气与设备工程成本控制的特点是工程造价控制措施选择范围较广。根据相关数据调查显示,当前设备安装控制成本降低措施中设计影响能够达到75%,所以电气与设备设计阶段的控制能够有效地实现设备安装成本降低。电气与设备工程材料品种多、数量大,所以招标控制是电气与设备安装工程成本控制的主要环节。在实际招标过程中,一方面要将设备价格、安装技术作为成本控制的重点来对待;另一方面还要将电气与设备安装之后的维修作为成本控制的重中之重。电气与设备安装工程中的供应方式也是成本管理的一个重要环节,所以应该加强材料供应方与安装方的协调工作。根据《中华人民共和国营业税暂行条例实施细则》规定,由建设方提供设备价款的不用缴纳营业税,所以说,由于设备供应价通常较高,营业税的免除也成为电气与设备安装工程成本控制中不可忽略的存在。

1)电气工程成本控制

随着科技进步,建筑的信息化、自动化程度也越来越高,对装配式建筑安装施工技术提出了严峻的挑战,大大提高了建筑电气安装造价。装配式建筑电气工程安装造价的控制管理是装配式建筑施工项目中的一个重要环节,电气工程的成本控制是决定电气安装企业市场竞争力的关键,是工程项目管理的中心内容,需要把握好以下几个方面:

①建立起一套科学、合理、规范的安装造价控制体系,并在规范化的体系中运行。在做好建筑安装造价控制的基础上做好质量控制,抓质量监督与检测,提高建筑质量。

②提高电气安装施工管理人员的素质,做好培训工作。从管理能力与技术两方面出发,做好电气安装工程造价管理。

③做好施工工艺、施工方案的组织审核工作。严把施工方案的科学合理关,避免施工方案、施工工艺不合理导致返工所带来的成本增加;在安装过程中,对施工工艺及施工方案采用合理化建议,让高层建筑的电气安装能够以合理的施工工艺或方案施行,优化施工过程,降低成本,提高利润率。

④把好设备、材料质量关。建筑电气安装工程中,设备及材料的费用占到整个工程造价的6~7成,由于施工过程中所需要的设备、材料的数量庞大、规格种类繁多,增加了材料采购的难度。对电气安装过程中所使用的设备、材料的用量要根据施工方案规划进行采购,同时对所使用的设备及材料的价格进行合理的确认,实现电气安装工程造价的控制。电气安装工程电气设备及装置主要有以下几种:

a.变压器、成套高低压配电柜、控制操作用的直流柜以及UPS、功率因素电容补偿柜、备用发电设备、照明和事故照明配电箱等,这些设备种类较多,且在进行采购的过程中采用不同厂家的产品会产生不同的电气安装工程造价,做好造价控制就需要及时摸清市场中的各电气设备的价格及品质,确定所需采购设备型号以及价格,确定的过程中做好设备质量及利润之间的平衡。

b.建筑中的设备安装,主要有电动机、电光源等用电设备。在设备进场过程中要根据施工方案及现场施工量进行数量的确定,并在设备订货前依据实际情况严格把握设备数量及质量控制。

c.建筑电气安装中电线及外保护用的导管、线路用的桥架和线槽、低压封闭式插接母线以及用于线缆固定、支撑的材料。进行建筑电气安装时,需依照设计图纸进行严格的安装,对所使用的材料用量进行准确的计算,减少浪费。进行材料采购的过程中,根据施工方案对工程中所使用的材料进行数量汇总并统一采购,采用不同的渠道对质量、价格、服务进行比较,与优秀的供货商建立长期供货关系。对超出安装造价的部分及时对比分析,找出原因并采取应对措施。

⑤做好协调沟通,应对措施得当。在装配式建筑电气安装的过程中会面临由于业主、设计方对施工图纸进行变更而造成的成本增加,在图纸审核及施工方案制订的前期需与业主、设计单位等做好沟通,对设计变更做到早变更、早规划,控制安装工程造价和质量。对工程变更的资料由专人保管并在结算时实事求是。对于施工中由于气候、物价变化、施工图纸变更等引起的安装造价变化等所带来的问题及时采取应对措施。

2)设备工程成本控制

目前国内机电设备安装工程项目的竞争日益激烈,对安装企业管理的要求也越来越高,完善合理的成本控制制度是保证成本费用的前提,是完成成本控制目标的根本保证。当要求的控制目标实际值和控制目标值之间出现偏差时,必须要采取相应的控制手段来减小这种偏差,采取的控制措施主要依据就是各种控制制度。只有构建了合理的控制制度,在成本控制工作中才能够把成本控制与技术管理、经营管理等各方面有机结合起来,出现成本偏差时才能找出项目成本发生偏差的原因所在,做出有效、合理的控制决策和纠正措施来减小偏差。而且依靠制度的规范,才能够在发现问题并解决问题的基础上,总结成本控制过程中的各种经验和教训。在这样的情况下,就要通过构建完善的成本控制分析制度、成本评价制度、预算制度以及超预算审批制度,完善保障成本控制目标的制度。

(1)以设计为源头做好成本控制的基础

在初步设计阶段,紧盯可研阶段确定的质量标准及成本估算两大目标,详细了解设计方案。设计方案质量标准不能低于可研阶段确定的质量标准,但又不能过高,过高则不利于成本控制。因此,大型设备选型应注意以下几点:

①要求设计人员做好潜在设备的不同方案,为招标采购设备提供灵活性,有利于招标竞价。同时要求做好限额设计,把好"初设概算不能超出可研估算"这道关,做好设计优化。

②掌握设备的质量及使用状况。了解设备的潜在供应商,尽量采用国产通用设备,避免采用独家供应商的设备,不利于招标采购价控制。

施工图设计阶段要加强设计过程监督管理,注意以下几点:

①材料设备高性价比控制:根据项目或业态定位,选用相应的材料设备品牌,并关注环保节能要求。

②充分了解地方法规及习惯,避免重复施工或返工,对图纸外可能发生的费用做到心中有数。

③充分了解项目的各项使用功能,熟悉不同设计单位的图纸,避免功能重复或功能漏项。

（2）做好招标采购工作中的成本控制

①招标（采购）计划中的成本估算额与该项目的目标成本比较，若有较大超支时，应考虑从优化设计上研究解决措施；所有招标（采购）项目必须达到发标的技术条件方可进行招标文件会审，技术条件必须写入招标文件中，在工程量清单中，项目特征尽量描述准确。

②注意入围单位应在同一水平线上，具有可比性和竞争性。

③采取措施，防止"合理"提高工程款，控制不平衡报价。对清单上各项目单价设立指导价，标底和标函采用相同的计价方式。招标单位可以在招标文件中规定，指导价为投标单位对各项目报价的最高限价；也可以由投标单位自由报价，但规定在总报价低于标底时，各项目报价均不得高于指导价，从而将不平衡报价限制在合理的范围内。指导价的确定要合理，尽量做到同市场价格基本一致，杜绝暴利，同时又包括合理的成本、费用、利润。指导价的确定务必由有相应资质的造价咨询单位负责造价的工程师确定。同时，还必须把前期工作做足，深化设计，在设计图纸和招标文件上，将各项目的工作内容和范围详细说明，将价格差距较大的各项贵重材料的品牌、规格、质量等级明确。对于某些确实无法事先详细说明的项目，可考虑先以暂定价统一口径计入，日后按实调整，从而堵死漏洞。

（3）做好施工过程的成本动态管理

施工过程中做好动态成本管理，建立工程成本台账（包括合同及无合同费用台账、设计变更台账、现场签证台账和成本超支报警台账）；对施工过程中发生的现场签证及设计变更，一单一估算，一单一确认，并及时检查现场施工情况，尽量避免先施工，后预算。每季度进行项目成本核算和经济活动分析，对目标成本的执行情况进行阶段性检查和总结，分析成本发生的增减动态和趋势，并通过分析成本细项超支发生的原因，及时制订控制成本的措施。对费用较大的项目进行现场复核或追踪。

（4）加强工程变更后的成本控制

虽然成本计划指标是成本控制的依据，但由于在设备安装项目实际过程中会遇到这样或那样的问题，使得项目成本计划发生变动。在项目施工过程中，工程变更现象是普遍存在的，大多数情况下，在进行工程变更操作时，设备安装的工程施工工艺或具体的施工方案也会发生相应的变化，这些变化可能对成本变化产生比较大的影响，因此，在项目变更的实施过程中，必须认真核实需要变更的各个环节，一定要充分论证变更是否有足够的依据和合理的变更理由。当相关单位提出工程变更要求时，各有关单位必须要到施工现场勘察，论证工程变更是否确实需要，是否符合国家相关规定和合同条款的要求，并且各方要共同、全面论证变更方案，变更完成后要及时形成变更索赔资料，并按规定报送到有关各方，以便对工程实施计划做出最合理的调整，确保变更在尽可能保证成本规划的基础上顺利实施。

3.2.5　装饰工程成本控制

装配式建筑装饰工程成本由抹灰工程、楼地面工程和油漆、涂料工程、门窗工程组成。因装配式建筑构件已包含部分抹灰，导致抹灰量减少，已计入土建工程，故装饰工程不再计算。所以，装配式建筑工程的装饰成本比现浇要低。

1）装饰工程材料成本控制

项目成本控制，指在项目成本的形成过程中，对生产经营所消耗的人力资源、物质资源和费用开支,进行指导、监督、调节和限制,把各项生产费用控制在计划成本的范围之内,保证成本目标的实现。在装配式建筑的装饰工程实施阶段的材料成本控制是装饰企业材料成本控制管理工作的关键,对整个工程成本的控制有着举足轻重的影响。目前,施工现场材料管理比较薄弱,主要表现在以下3个方面:

第一,在对材料工作的认识上普遍存在着"重供应、轻管理"的观念,只管完成任务,单纯抓进度、质量、产量,不重视材料的合理使用和经济实效,而且对现场材料管理人员配备力量较弱,现场还处于粗放式管理水平。

第二,在施工现场普遍存在着现场材料堆放混乱,管理不力,余料不能得到充分利用;材料计量不齐不准,造成用料上的不合理;材料质量上不稳定,无法按材料原有功能使用;技术操作水平差,施工管理不善,造成返工浪费严重等现象。

第三,在基层材料人员队伍建设上,普遍存在着队伍不稳定,文化水平偏低,懂生产技术和材料管理的人员偏少的状况,造成现场材料管理水平比较薄弱。

为了提高现场材料管理水平,强化现场管理的科学性,达到节约材料的目的,针对以上现状,主要应加强以下4个方面的管理。

(1)材料的计划管理

第一,应加强材料的计划性与准确性,材料计划的准确与否,将直接影响工程成本控制的好坏。材料消耗量估算之前,现场技术人员应通过仔细研读投标报价书、施工图、排版图,依据企业的材料消耗定额,准确计算出相应材料的需用量,形成材料需用计划或加工计划。估算是否准确合理,可以运用材料ABC分类法进行材料消耗量估算审核。根据装饰工程材料的特点,对需用量大、占用资金多、专用材料或备料难度大的A类材料,必须严格按照设计施工图或排版图,逐项进行认真仔细的审核,做到规格、型号、数量完全准确。对资金占用少、需用量小、比较次要的C类材料,可采用较为简便的系数调整办法加以控制。对处于中间状态的常用主材、资金占用属中等的辅材等B类材料,材料消耗量估算审核时,一般按企业日常管理中积累的材料消耗定额确定,从而将材料损耗控制在可能的最低限,以降低工程成本。

第二,项目部物资部门要依据施工技术部门提供的所承担工程项目各种物资用量计划,在核减库存的基础上,及时编制物资采购计划,并经项目部主管和上级物资部门审批后,组织市场采购。当一项工程确定后,应立即组织技术、材料人员编制用料计划。采购计划的制订要非常准确,该采购的料不按时采购会造成停工待料;太早采购又会囤积物料,造成资金的积压、场地的浪费、物料的变质,所以有效地制订采购计划是十分必要的。正确及时地编制物资采购计划,可以有效地保证物资采购的计划性,杜绝盲目采购,避免物资的超出和积压,降低采购成本。

(2)材料的采购管理

材料采购的管理、科学的采购方式、合理的采购分工、健全的采购管理制度是降低采购成本的根本保障。因此,采取必要措施,加强材料采购管理是非常重要,也是非常必要的。

第一,实行归口管理和采购分工是材料采购的基本原则。装饰企业尽管有点多、线长、不便管理的特点,但归口管理的原则必须坚持。材料采购只有归口材料部门,才能为实现集中批量采购打下基础。反之,不实行归口管理,造成多头采购,必然形成管理混乱、成本失控的局面。又由于装饰企业消耗的物资品种繁多,消耗量差别很大。如何根据消耗物资的数量规模和对工程质量的影响程度,科学划分采购管理分工,非常必要。因此,科学的采购分工是实现批量采购、降低成本的基础。

第二,集中批量采购是市场经济发展的必然趋势,是实现降低采购价格的前提。材料部门对施工生产起着基础保障作用,这个作用是通过控制大宗、主要材料的采购供应来实现的。要实现控制,首先就要集中采购,只有集中才可能形成批量,才可能在市场采购中处于有利的位置,才可能争取到生产企业优先、优惠的服务。实行集中批量采购,企业内部与流通环节接触的人少,便于管理。所以,实行归口管理、集中批量采购是物资采购管理的基本原则和关键所在,是企业发展的需要,是降低采购成本的前提。

第三,要考虑资金的时间价值,减少资金占用,合理确定进货批量与批次,对部分材料实时采购,实现零库存,降低材料储存成本,从而降低材料费支出。

(3)材料的使用过程管理

在材料使用过程中,在做好技术质量交底的同时做好用料交底,执行限额领料。由于工程建设的性质、用途不同,对施工项目的技术质量要求、材料的使用也有所区别。因此,施工技术管理人员除了熟读施工图纸,吃透设计理念并按规程规范向施工作业班组进行技术质量交底外,还必须将自己的材料消耗量估算意图灌输给班组,以排版图的形式做好用料交底,防止班组下料时长料短用、整料零用、优料"劣"用,做到物尽其用,杜绝浪费,减少边角料,把材料消耗降到最低限度。同时,要严格执行限额领料,在下达施工任务书中,附上完成该项施工任务的限额领料单,作为发料部门的控制依据,防止错发、滥发等无计划用料,从源头上做到材料的"有的放矢"。

(4)材料施工管理

加强施工管理,减少材料浪费。主要措施有:

①提高施工水平,加强质量意识,按施工规范及规程施工,避免出现质量事故,造成返工。

②强化施工现场保卫工作,在施工现场要有切实可行的保卫防盗工作,各施工点施工完毕后,小型机具及材料应及时退料入库。

③施工现场脏、乱、差,必然导致材料浪费。做好文明施工和班组操作"落手清",材料堆放合理,成条成垛,散落砂浆、混凝土断砖做到随用随清。这样一方面节约材料,提高了企业的经济效益;另一方面也有利于施工现场面貌的改观,便于安全施工。

④实行限额供料制度,加强现场材料消耗管理。材料消耗定额是材料消耗的标准,也是考核材料节超的标准。节约将意味着利润的增加,超耗将意味着利润的减少。

⑤制定合理的回收利用制度,开展"修旧利废"工作。建筑施工过程中,可以回收利用的料较多,比如散落的砂浆、砖块等材料在操作中应及时予以收集利用。另外,修旧利废的项目更多,如水暖电器、劳保用品、工具等均可以开展修旧利废工作。总之,要注意发扬勤俭节约的精神,制定合理的回收利用制度和奖罚办法,促进这项工作持久、深入地展开。

⑥加强材料周转,节约材料资金。缩短周转料周转时间,就等于节约了材料和资金。

2)装饰工程施工与施工管理成本控制

装配式建筑的装饰工程施工管理是:以项目经理负责制为基础,以实现责任目标为目的,以项目责任制为核心,以合同管理为主要手段,对工程项目进行有效地组织、计划、协调和控制,并组织高效益的施工,合理配置,保证施工生产的均衡性,利用科学的管理技术和手段,以高效益地实现项目目标和使企业获得良好的综合效益。

（1）工程施工管理

施工项目管理是为使项目实现所要求的质量、所规定的时限、所批准的费用预算所进行的全过程、全方位的规划、组织、控制与协调。项目管理的目标就是项目的目标，项目的目标界定了项目管理的主要内容是"三控制二管理一协调"，即进度控制、质量控制、费用控制、合同管理、信息管理和组织协调。

①组织优秀的项目管理部。项目经理在工程施工的过程中起着重要作用，是施工项目实施过程中所有工作的总负责人，起着协调各方面关系、沟通技术、信息等方面的纽带作用，在工程施工的全过程中处于十分重要的地位。因此，项目经理在工程实施的进程中不仅要利用自己掌握的知识，灵活自如地处理发生的各种情况，还要团结大家的力量多谋善断、灵活机变、大胆爱才、大公无私、任人唯贤、大胆管理，为企业取得良好的利润。技术人员已越来越被企业所重视，人才专业结构的合理组合已成为企业人才发展规划的侧重点。就装饰企业而言，设计与施工是两个重要的一线部门，所以要求技术人员的标准相对较高，专业设置既全面又要有所侧重，要有计划、有侧重地逐步招聘，培养和合理使用人才，并不断地更新知识。

②编制施工组织设计。装饰工程施工组织设计是按照装饰工程的施工步骤、施工工艺要求和经营管理规定而制订科学合理的组织方案、施工方案，合理安排施工序顺和进度计划，有效利用施工场地，科学地使用人力、物力、资金、技术等生产要素，协调各方面的工作，能够保证质量、进度、安全、文明，取得良好的经济效益和社会效益。装饰工程施工组织设计是规划、指导工程投标、签订承包合同、施工准备和施工全过程的全局性的技术经济文件。在市场经济条件下，特别应当发挥施工组织设计在投标和签订承包合同中的作用，使装饰工程施工组织设计不但在管理中发挥作用，更要在经营中发挥作用。

③施工过程管理及质量控制。施工过程的质量监控是现场质量管理的重要环节，有力的质量监控能使工程质量做到防患于未然，能控制工程质量达到预期的目标，有利于促进工程质量不断提高，有利于降低工程成本。施工过程中技术资料是否齐备，工程质量是否达标，是衡量企业和项目经理管理水平高下的关键，是质检部门评定质量的依据。因此，对于施工中技术资料和工程质量的检查就十分必要了，通过经常性的检查而使施工得到监督和修订，从而保证施工顺利展开，质量得到保证。个人自检、班组互检，下道工序检查上道工序，验收合格后进入下道工序的检验模式与班组长、质检员、项目经理和公司品管员的检验模式相结合，做到及时发现问题，及时制订措施解决问题。明确装修工程质量控制目标，严格按合同要求质量目标要求，从每个工序的质量控制入手，建立质量控制小组来组织开展工程质量的各项管理工作。尤其对质量通病加以认真研究，制订出切实可行的质量通病防治办法，切实做到预防为主。对隐蔽工程、工序间交接检查验收，对重点部位执行旁站监理制度，保证在整个施工过程控制好重点的关键部位的施工。对材料的质量评价，必须通过见证抽样、见证抽检取得数据后进行，不允许仅凭经验、目测或感观评价其质量。

（2）施工项目成本控制

①成本控制原则。施工项目成本控制原则是企业成本管理的基础和核心，施工项目经理部在对项目施工过程进行成本控制时，必须遵循以下基本原则：施工前必须进行全面的工程量核算，必须进行全面的市场价格询价，详细编制现场经费计划，要求计划有详细的量化指标，并有分析说明；所有措施费的投入都应有详细的施工方案并有经济合理性分析报告；材料采购必须凭采购计划进行，材料计划必须首先经商务经理确认价格后经项目经理最终确认方可实施；每

月进行物资消耗盘点,进行成本分析;除零星材料可以直接采购外,主要材料采购必须进行货比三家才购买;人员本地化的原则,除重要岗位外,应尽量从当地招聘员工,方可降低成本。

②施工项目成本控制措施。降低施工项目成本的途径,应该是既开源又节流,或者说既增收又节支。只开源不节流,或者只节流不开源,都不可能达到降低成本的目的。项目经理是项目成本管理的第一责任人,全面组织项目部的成本管理工作,应及时掌握和分析盈亏状况,并迅速采取有效措施;工程技术部应在保证质量、按期完成任务的前提下尽可能采取先进技术,以降低工程成本;经济部应注重加强合同预算管理,增创工程预算收入;财务部主管工程项目的财务工作,应随时分析项目的财务收支情况,合理调度资金。

制订先进的、经济合理的施工方案,以达到缩短工期、提高质量、降低成本的目的;严把质量关,杜绝返工现象,缩短验收时间,节省费用开支;控制人工费、材料费、机械费及其他间接费。随着建筑市场竞争的加剧,工程的单价越来越低,现场管理费越来越高。这就要求项目管理人员用更科学、更严谨的管理方法管理工程。作为管理部门也要合理地分析地区经济差别,防止在投入上一刀切。

综上分析,施工项目管理与项目成本控制是相辅相成的,只有加强施工项目管理,才能控制项目成本;也只有达到项目成本控制的目的,加强施工项目管理才有意义。施工项目成本控制体现了施工项目管理的本质特征,并代表着施工项目管理的核心内容。

【综合案例】

某装配式建筑成本控制的方法与思考

某钢结构住宅项目装修工程属于精装交付标准,4#住宅为13层单元式住宅楼,共有3个单元,每单元一梯4户。7#住宅为15层单元式住宅楼,共有3个单元,每单元一梯4户。一共两种户型,分别为A(A反)户型和B(B反)户型,A户型建筑面积为92.52 m²,套内使用面积为71.5 m²;B户型建筑面积为88.96 m²,套内使用面积为67.5 m²(见图3.3)。两个户型室内精装修工程全部采用装配式装修。

图3.3　4#、7#户型单元平面图

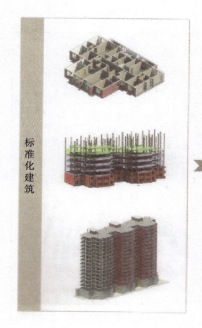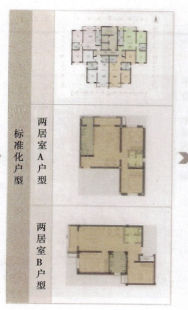

图 3.4　系统模块标准化

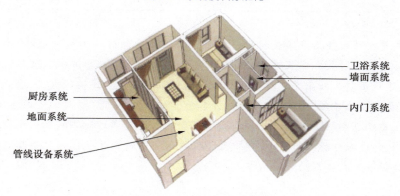

图 3.5　项目装修工程应用到的装配式系统

表 3.11　装配式系统关键集成技术

装配式系统	集成技术	应用位置	相关部品	技术特色
地面系统	架空地板集成技术	全屋地板	支撑地脚基层衬板	①利于管线分离 ②利于同层排水 ③不破坏主体结构
厨房系统	模数化部品技术	厨房	橱柜	①标准化设计,标准化生产,标准化安装 ②提高施工效率和质量
	吊顶集成技术	厨房	铝扣板	现场装配施工,提高施工效率和质量

续表

装配式系统	集成技术	应用位置	相关部品	技术特色
厨房系统	墙面集成技术	厨房	涂装板 38 系龙骨	干法施工,现场装配施工,提高施工效率和质量
墙面系统	轻质隔墙集成技术	卫生间	石膏板 50 系龙骨	提高户内空间灵活可变性
卫浴系统	整体卫浴	卫生间	整体淋浴房	①工业化部品,质量好,科技含量高,提升户型产品品质 ②工厂生产现场装配,提高施工效率和质量
内门系统	模数化部品技术	内门	模数化部品技术	①统一尺寸,标准化设计,模数化生产,标准化安装 ②工厂生产现场装配,提高施工效率和质量
管线设备系统	架空层配线、布管	全屋管线	水电管线	提高户型产品质量,方便维修更换,不破坏主体结构

探索思考:整个项目使用了集成材料进行装修施工。构件材料为标准尺寸,生产时可以批量生产节约成本,安装时集成安装速度快、施工简单、质量容易保证,在成本控制上是有显著效果的。装配式建筑是顺应社会发展趋势和需求而产生的一种新型建造模式,装配式建筑的发展不能只在技术层面而应该是全方位的。造价成本全过程控制是工程项目管理的重要内容,进行成本分析、研究影响成本的主要因素是一项必不可少的内容。通过对预制构件制造的各个阶段进行的技术分析和过程分析,在建造过程中每个阶段都应当进行优化以保证整体建筑的高效建造,从而有效降低装配式建筑的建造成本。

任务 3.3　装配式建筑物业管理

装配式建筑物业管理技术

近些年,装配式建筑工程在政府的大力支持下,开始迅猛地发展起来。由于其节约工时的优势,受到许多诸如碧桂园、万科等大型房企的宠爱。但随着装配式建筑施工新技术的发展,如何使增加的成本得以下降,一直以来是房地产企业关注的焦点。以碧桂园茶山项目为例,可以看到即使装配式项目的显性成本目前受到整个产业链发展的局限,暂时难以覆盖,但装配式建筑的隐性成本却有很大的降低空间。

碧桂园开发研制出了一套 SSGF 新制造体系,利用该法,增加了 145.26 元/m^2 的显性成本(主要体现在:全混凝土外墙,成本增加 55.88 元/m^2;轻质隔墙,成本增加 55.62 元/m^2;楼层节水系统,成本增加 8 元/m^2;屋面 PC 保温砖,成本增加 3.48 元/m^2 等),但是却节省了 315 天的工期,而这一部分工期通过隐性成本加以核算,主要体现在物业管理费、项目管理费、营销费用、贷款利息等。这就是装配式建筑带来的提前收益,比如交付提前后相应的租金、物业费、资金的时间价值都需要综合进行考虑(见图 3.6)。

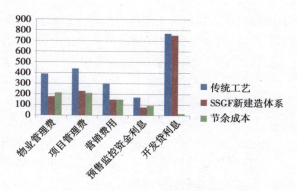

图 3.6　碧桂园茶山项目节余隐性成本分析

从图 3.6 可以看出,装配式建筑随着工期的提前,可以节约大约 685 万元(大约为 127.03 元/m²)的隐性成本,在后期的物业运营过程中,随着节能环保技术的应用,完全可以对显性成本进行弥补,并且可以带来更多的持续性收益。

从上述案例可以看出,装配式建筑的兴起也正在悄然改变房地产行业的运营和管理方式,针对后期从事装配式建筑的物业运营管理人员,与传统的物业运营管理相比,也有更高的要求,这主要体现在物业运营模式的更新、绿色物业、智慧物业等各方面的精心打造与设计。

因此,本节内容围绕装配式建筑物业管理相关内容进行学习,包括与传统物业管理的区别、管理特征、管理模式、管理流程、管理技术与运营分析等,对接装配式建筑职业技能标准、装配式建筑专业人员岗位标准、结合绿色建筑物业管理标准,助力技术、技能复合型管理人才培养。

装配式建筑的维护管理主要体现在物业管理的工作中。传统物业管理因为配套设施、设备的技术含量不高,管理维护技术要求也不高。装配式建筑运用了大量 BIM 等高新技术,提高了新型物业管理的科技含量,使得其物业管理正在从粗放型、数量型向集约型、技术型、质量型的新型物业管理转变。

3.3.1　装配式建筑物业管理特色分析

1)与传统物业管理的区别

装配式建筑作为一种绿色建筑,推动着绿色建筑规模化发展,装配式建筑物业管理是传统物业管理基础上的提升,与传统物业管理相比,其区别主要体现在以下 4 个方面:

(1)装配式建筑物业管理实施全寿命周期管理

装配式建筑物业管理运用物业管理全寿命周期理论,制订装配式建筑物业管理的目标和流程,做到最大限度节约资源和保护环境。装配式建筑物业管理全寿命周期管理即是将物业管理活动深入前期策划、设计和规划、施工和运行各个阶段,物业管理人员从前期开始全面了解装配式建筑所使用的先进设备与技术,为后期实现节能减排的目标奠定基础。具体是指在物业的寿命周期内,为发挥物业的经济价值和使用价值,管理者采取多种科学技术方法与管理手段,对各类物业实施全过程的管理,并为物业所有者或使用者提供有效、周到的服务。装配式建筑全寿命周期的物业管理主要从以下 3 个方面着手:

首先,物业管理公司从项目决策阶段开始提前介入,参与物业建设项目的决策并优化设计,为完善物业建设提出意见,避免物业建成后的使用和管理问题。物业的设计人员不是专业的物业管理者,在项目规划设计阶段,规划设计人员往往只从设计技术角度考虑问题,其在制订设计方案时,不可能将后期物业管理经营中可能出现的问题考虑得十分全面,或者很少从业主长期使用和后续物业管理正常运行的角度考虑问题,造成物业建成后管理上的漏洞和功能布局上的缺陷。

其次,物业公司积极参与工程监理工作,从物业管理的角度对工程施工、设备安装的质量进行全面监控,避免物业建成后给使用和管理服务带来的缺憾。在工程施工这个关键时期,开发商的主要精力更多放在工程进度、资金筹措和促销推广上,尽管从开发商的本意来说,总是希望能保证工程质量,使所建物业达到优良乃至优质工程目标,但是由于人力、技术、精力等方面的原因忽视了对工程质量的全面监控。物业公司选派相应的管理人员介入施工质量管理,对装配式建筑土建结构、管线情况、设备安装、用材性能一清二楚,提前熟悉物业中各种设备的操作和线路的来龙去脉,有利于物业的工程质量,为以后的物业管理带来极大的方便,也为降低后期管理的操作成本,实现"业主满意、物业管理顺利"双赢效果打下了基础。

最后,物业公司提前熟悉所安装的设备设施,做好财务预算,确保物业管理单位能够在物业建成后一开始投入使用即能为业主提供良好的物业管理服务。有物业管理公司提前介入后,发展商可以得到物业管理公司的紧密配合,使其专心开发建设。物业管理公司可以根据物业管理的技术规范要求,对接管的物业从使用功能上严格把关,促使开发商引起高度重视并要求承建单位限期解决,确保各项设备、设施在投入使用前就能正常运行。

另外,实施装配式建筑全寿命周期物业管理可以做好财务预算和业主公约、物业使用守则的制定。通过初期设计建造全过程的现场跟踪管理,能更精确地进行财务预算分析,较好控制日后的管理成本,根据物业的档次来确定各类服务标准,保证服务费用的有效使用,达到最佳效果。

(2)装配式建筑物业管理要坚持"以人为本"的理念

"以人为本"的理念主要体现在为业主提供服务方面。物业管理企业应考虑不同业主的需求、层次、时间和费用支付能力等的差异,尽可能提供菜单式服务,满足业主的个性化需求。在管理过程中,物业管理企业应从各方面引导业主主动节能,树立保护环境、节能减排的良好意识,并使业主可以切实体会到主动节能所带来的环境效益与经济效益。

(3)装配式建筑物业管理应用智能化技术

传统物业管理主要是劳动密集型,科学技术在物业管理过程中的含量较低,日常运作中的资源消耗较大,环境保护不到位。装配式建筑的物业管理通过应用智能化技术,包括供热、通风和空调设备节能技术、能源管理系统、楼宇能源自动管理系统以及建筑设备自动监控系统等,来实现节能降耗的目标。

智能化系统为装配式建筑的运营阶段的科学管理、人性化管理创造了必备的条件,在此基础上,建立智能化集成管理平台及物业管理平台可以实现运营管理的增值。集成管理平台主要是以高度的设备集成监控管理为主要方向,在一个统一的软件平台上,实现对分散控制系统的集中管理,集中监视和控制各子系统的运行,让管理者可以全方位、直观地了解物业的实际运行情况,从而为综合性全局决策提供系统支持。管理者可以对所有智能化设备的状况进行查询和统计分析,及时获得各设备点的运行信息、故障信息,并根据分析和处理后的数据,智能化或手动地对相应设备进行调控,这样不但可以减少管理人员的工作量,提高了管理效率,而且可以对故障报警和安全报警进行及时有效的处理,从而消除各种安全隐患。在实现集中监控的同时,能够通过相应的系统间联动控制模块实现各系统之间的协同工作。建立设备运行历史信息库，利用设备运行历史信息库对设备的故障进行跟踪和管理，以实现降低设备故障率和降低设备运行成本的目标。能效管理功能模块是利用相应的能源消耗信息数据，利用多种节能分析工具、节能率评估工具以及节能控制模块，对节能管理的各个环节进行分析、评估以及控制等全方位的节能管理，优化设备运行机制，实现节能的目的（见图3.7）。

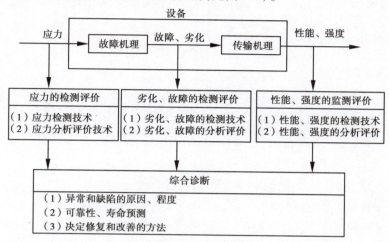

图3.7　装配式建筑智能物业设备诊断技术工程系

（4）装配式建筑物业管理需要注重数据监测与分析

装配式建筑物业管理相关技术与设备的应用效果需要通过对装配式建筑运行数据的监测来获取，装配式建筑在运营阶段的监测是装配式建筑科学评价和不断优化管理手段的可靠依据。装配式建筑的运营监测可以提供大量真实的数据，通过对环境、能源和设施实时监测数据的分析，及时进行设备优化与控制，来提高装配式建筑性能，实现真正节约资源。

装配式建筑物业数据监测和分析可以结合 DFC（Design For Cost）设计理念进行设计，所谓"DFC"设计理念是 20 世纪 90 年代把价值工程引入产品/项目的成本分析，是以面向成本的设计形式提出的。针对装配式建筑的物业管理即是在满足用户需求的前提下，在分析物业管理过程的基础之上，对装配式建筑全寿命周期的物业管理成本进行评价，从而找出传统物业管理下产品成本过高的部分，通过对工作过程的修改达到降低成本，而实现节能降耗。装配式建筑是由部品、设备、设施和智能化软件组成，同样具备全生命期的特征，需要经历研发设计、调试、测试、运行、维护、升级、再调试、再测试、运行、维护、停机、数据保全、拆除和处置的全过程。针对装配式建筑运营管理主要包括如下 6 类成本：

①设施维护费：信息与控制系统一般为造价的 2% ~4%，机械电气设备一般为造价的 2% ~3% 。

②设施更新费：信息与控制系统的更新周期一般为 6~8 年，机械电气设备的更新周期一般为 8~10 年。

③设施运行消耗：主要为设施本身的能耗和材耗，如水处理设施运行所需投放的药剂等。

④养护费：主要包括绿化养护费（人工、肥料、农药等）。

⑤垃圾的分类处理与处理费。

⑥检测费：运行中所排放污水和废气的检测，非传统水源水质的检测等。

总之,传统物业管理与装配式建筑物业管理在管理目标、管理范围、管理过程、管理方式、管理机制等 5 个方面都有很大的差异,见表 3.12。

表 3.12　装配式建筑物业管理和传统物业管理比较

比较项目	传统物业管理	装配式建筑物业管理
管理目标	保值增值	保值增值,创造价值
管理范围	维持物业本身完好	在维护物业本身完好的基础上,降低能源消耗,减少二氧化碳排放
管理过程	一般在工程竣工后提供物业管理	全寿命周期提供物业管理服务
管理方式	劳动密集型,人工劳作,以物业企业为中心,业主处于被动接受地位,业主参与度低	知识密集型,采用先进技术、科学管理和行为引导等方式,业主处于自主地位,主动参与意识高
管理机制	节能减排无要求,无激励政策	节能减排要求高,有激励政策

2)装配式建筑物业管理的特点

①装配式建筑物业管理将"四节"与"一环保"相结合,体现"绿色"理念。装配式建筑物业管理根据绿色建筑评估体系,"四节"即节地、节能、节水、节材,它不仅强调了"节",保证建筑用材、建筑施工、建筑管理充分体现"绿色"理念,还与"保护环境"密切结合,宣传环保意识,提倡环保行为,保证建筑指标与管理效果双向达标。

②装配式建筑物业管理体现过程控制与前馈、反馈控制相结合,突出"过程管理"。装配式建筑物业管理的绿色建筑评估体系充分体现了管理学的一大职能——"控制"。控制,即监视各项活动以保证它们按计划进行,并根据动态环境进行纠偏的过程。有效的控制系统可以保证各项行动完成的方向是朝着达到组织的目标,过程控制作为管理中的监督行为,发挥着重要的作用。通过装配式建筑物业管理评估体系的构建,从建筑规划、设计、施工阶段到整体运营管理阶段,实行一系列的监督措施,不仅从源头上遏制了"浪费""污染"行为的产生,而且保证了整个管理过程具有整体性、系统性。

③装配式建筑物业管理将定量与定性相结合,等级评价制度共同实施。装配式建筑物业管理可以参照《绿色建筑评价标准》(GB/T 50378—2019)(以下简称《标准》)中控制项、一般项、优选项的规定,弥补了不同类型企业成本问题,企业可依据自身情况尽力达到指标要求。《标准》吸取了国内外特别是新加坡绿色建筑的实践经验,并结合近年来绿色建筑新发展,深化评价内容,改进体例及评分方法,创新性强。其中,评价等级的划分有利于增强企业竞争力。《标准》多维多方面地规定了装配式建筑指标要求,将定量评估与定性规范相结合,使物业管理外资企业、国有企业以及各种私营合营企业有了具体的参照标准。

④装配式建筑物业管理将系统性与灵活性相结合,建立整个生命周期监测机制。装配式建筑的评价是一个过程管理,而不是最终的一个标签,另外,还必须对建筑物进行全年能耗模拟和评估。在物业管理过程中,必须要对建筑物及其物业设备进行实时监测,确保从建筑物的建造方法、材料选择、装修过程、设备运行等方面都要体现绿色环保物业管理的精神。具体到各部门各方面,建筑设计师、园林规划师、物业管理从业人员应不断沟通,对建筑物采光、照明、通风、围护结构构造和园林景观设计、功能区域布置等方面进行不断的否定和肯定,使整个建筑和物业

区域环境与周围自然环境、社会环境相协调,并进一步为今后物业管理打好坚实基础。

3.3.2　装配式建筑物业管理模式

1)构建物业管理模式

装配式建筑物业管理模式可参照绿色建筑物业管理进行构建。装配式建筑物业管理本身也是物业管理的分支,要以"创造价值"和"以人为本"为核心理念。因此,物业管理模式需要从以下 6 个方面进行构建。

(1)管理主体专业化

装配式建筑物业管理需要专业化的管理主体,目前政府已经在逐步建立与装配式建筑物业管理相关的准入机制,建立相应的物业管理评估机构,根据科学的指标体系评价物业管理企业的管理水平;包括通过 ISO 14000 系列环境管理标准是企业获得资质的必要条件。为了保证装配式建筑节能减排效果,必须具备专业资质的企业,如获得 LEED™ 认证等。

【阅读材料】

美国的 LEED 评估体系及世界各国绿色建筑评估体系

装配式建筑是一个高度复杂的系统工程,其本身作为一种绿色建筑,对于其物业管理评估可以参照绿色建筑标准和评估体系。在世界各国和地区评价体系中,美国 LEED 体系较为完善,且易于操作,被许多国家所参考。LEED™ 是美国绿色建筑协会(USGBC)研发,并以市场为导向促进绿色竞争和供求,以建筑生命周期的观点来探讨建筑性能整体表现的绿色建筑评估系统,目前应用的是 LEED™2.1 系统,主要运用于新建及现有的商业办公大楼,主要协助改善建筑的环境性能、能源效率和公共健康等。LEED 包括可持续的建筑选址、能源和大气环境、节水、材料和资源、室内空气质量,创新得分等 6 大评估指标,其中每个大项包括 2 ~ 8 个子项,每个子项最多可获 1 ~ 2 分,所有子项分数累加,共 41 个指标,满分 69 分,其中"能源"和"室内空气质量"两项权重最高,其可能获得最高分数为 17 和 15 分。对于合格者,分为 4 级评估等级,详见表 3.13。

表 3.13　LEED 评估等级及要求分数

LEED™ 等级	合格认证	银质认证	金质认证	白金认证
要求分数	26 ~ 32 分	33 ~ 38 分	39 ~ 51 分	52 分以上

(2)管理措施精益化

装配式建筑物业管理工作面涉及面广、技术应用复杂,需要采用精益化的管理措施,将企业内部的管理数据化,注重环境、能源和设施的相关数据收集、数据分析与管理经营的关联。借助数据化管理,企业不仅可以有效测量和分析管理效果,而且还能为企业提供决策数据。数据化管理为企业数量化评价提供条件,通过分析评价更精确地掌握企业管理的动态。

(3)管理过程规范化

装配式建筑物业管理是一个系统工程,需要对各项管理要素进行规范化、流程化和标准化设计,形成有效的管理运营机制,使装配式建筑达到最佳运营效果。管理制度和标准是装配式建筑物业规范化管理的有效工具,是管理人员进行物业管理的主要依据。传统物业管理以"计量考核"为重点,装配式建筑物业管理制度的核心应转变为"绩效考核"。"绩效考核"应含有数量的概念,更注重节能、减排和环保的效果。

(4)管理行为动态化

装配式建筑的种类复杂,包括居住、公共、工业、商业等,种类不同决定了管理上的差异,因此必须实现动态化管理。就同一装配式建筑而言,在全寿命周期的不同阶段,由于设备及系统的逐渐老化和运行效率的变化,物业管理的技术手段和管理方法必须有所不同,需体现装配式建筑不同时间维度的不同管理行为。

(5)科技支撑引领

加大科技投入,以科技作为装配式建筑物业管理的有力支撑,既含有绿色建筑物业管理理论层面上的创新研究,也包含先进技术的开发与应用,诸如供热、通风和空调设备节能技术,能耗监控系统,水、电、气、热等的分项计量,水循环利用,新型绿化灌溉技术,垃圾分类收集与处理技术,楼宇能源自动管理系统等。科学研究和新技术开发是推动装配式建筑物业管理发展的重要保障。

(6)业主参与互动

装配式建筑物业管理活动过程中,物业管理企业应当从"意识"和"行为"两方面引导业主参与。一方面,"意识引导"要求物业管理企业开展多形式、多渠道、有针对性的绿色物业管理宣传活动,培养业主生态文明意识,引导广大业主主动支持和参与装配式建筑物业管理,同时开展文化社区的建设,使业主融入其中,构建和谐邻里关系,实现人与人、人与建筑、人与自然的和谐共生。另一方面,物业管理企业通过"行为引导",调动广大业主配合物业管理的工作,主动实施节能、节水行为,自觉进行垃圾分类、选用节能环保材料及环保方式进行房屋装修等。

通过对物业管理主体、管理过程、管理措施、管理行为等的分析,本章提出装配式建筑物业管理应采取的模式如图3.8所示。

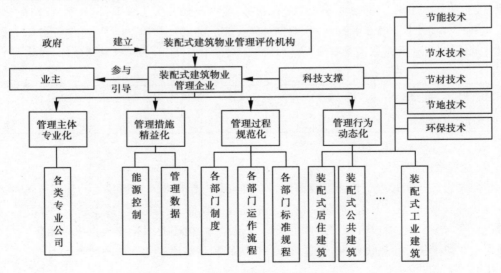

图3.8 装配式建筑物业管理模式

2)装配式建筑物业管理流程

装配式建筑物业管理流程可以分为3个阶段,包括早期介入阶段、评价施工管理阶段和建筑与设备运营管理阶段。

（1）早期介入阶段

早期介入主要是指装配式建筑评价施工管理阶段之前的管理活动,物业管理企业就参与物业的策划、规划设计和建设,从业主、使用人及物业管理的角度提出意见和建议,以便物业建成后能满足业主、使用人的需求,方便物业管理的各项活动。针对物业管理企业,应当进行方案的编制,考虑各参建单位的因素,做好与建设单位、设计单位、监理单位和施工单位方面的工作。

①针对建设单位方面,建设单位应向物业管理企业提供装配式建筑施工相关资料,并保证资料的真实性和完整性。在编制工程概算和招标文件时,建设单位应明确装配式建筑施工的要求,物业管理企业要熟知场地、环境、工期、资金等方面的保障。

②针对设计单位方面,物业管理企业要协助设计单位,根据建筑工程设计和施工的内在联系,按照建设单位的要求,将土建、装修、机电设备安装及市政设施等专业进行综合,使装配式建筑工程设计和各专业施工形成一个有机整体,便于施工单位统筹规划,合理组织一体化施工。同时,物业管理企业要在开工前明确设计单位设计意图和整体目标。

③针对监理单位,物业管理企业要与监理单位一起承担监理责任,审查总体方案中装配式建筑专项施工方案和具体施工技术,并在实施过程中做好监督检查工作。

④针对施工单位,物业管理企业应明确实行施工总承包的建设工程,总承包单位应对施工现场装配式建筑施工现场负总责,分包单位应服从总承包单位的装配式建筑施工管理,并对所承包工程的装配式建筑施工负责。如实行代建制管理,各分包单位应对管理公司负责。

综合以上各项工作,在装配式建筑物业管理早期介入阶段物业管理的工作如图3.9所示。

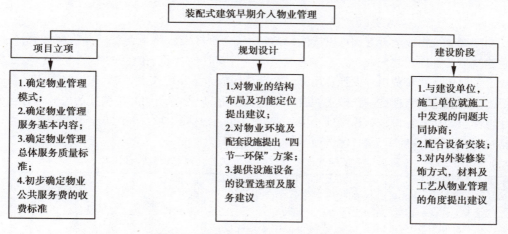

图3.9　装配式建筑早期介入物业管理

（2）评价施工管理阶段

装配式建筑施工管理体系中应从基础物业管理角度设立评价体系,对施工效果进行评价。评价应由专家评价小组执行,制定评级指标等级和评分标准,分阶段对装配式建筑施工方案、实施过程进行综合评估,判定其施工效果。根据评价结果对方案、施工技术和管理措施进行改进、优化等。参照《绿色建筑技术导则》,可以将评价指标体系分为资源利用、环境负荷、施工企业管理和人员健康与安全四大类指标(见图3.10)。该指标体系分为优(100～90分)、良(80～89分)、及格(60～79分)、不及格(0～59分)四等。等级评价标准的确定一般根据国家有关法律、标准、规范、导则、数据库及行业统计数据要求等。

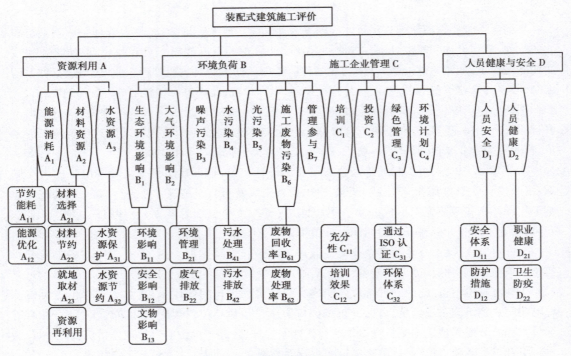

图 3.10 装配式建筑施工评价体系

（3）建筑与设备运营管理阶段

装配式建筑物业运营管理可以参照《绿色建筑评价标准》，将运营管理分为两大类：装配式住宅建筑运营管理及装配式公共建筑运营管理。针对住宅建筑，在建设期，装配式住宅建筑运营成本主要包括建安费用和设计费用等一次性消耗成本。在使用期，装配式住宅建筑运营成本主要为清洁、维护、修理、置换（改造、更换、废弃处理等）以及使用期间持续性的资源消耗。装配式住宅建筑的运营评价包括控制项 4 项，一般项 7 项，优选项 1 项。装配式公共建筑的运营评价包括控制项 3 项，一般项 7 项，优选项 1 项，见表 3.14。

表 3.14 装配式住宅建筑与装配式公共建筑运营管理比较

类别 选项	装配式住宅建筑	装配式公共建筑
控制项	1.制订并实施节能、节水、节材与绿化管理制度。节能管理制度是指业主与物业共同制定节能管理模式；节水管理制度是指按照阶梯用水原则制定节水方案；节材管理制度是指建立建筑、设备、系统维护制度，减少因维修带来的材料损耗，建立物业耗材管理制度，选用绿色材料；绿化管理制度是指建立完善节水系统，规范化肥、农药、杀虫剂等化学用品使用。	1.制订并实施节能节水等资源节约与绿化管理制度（与住宅建筑类似）。 2.建筑运行过程中无不达标废气、废水排放

续表

类别　　选项	装配式住宅建筑	装配式公共建筑
控制项	2. 住宅水电燃气分户分类计量收费,如按照使用用途和水平衡测试[注]标准要求设置水表,对公共用水进行分类计量用水量,以便于收费及统计各种用途的用水量和漏水量。 3. 合理规划垃圾收集、运输等整体系统,考虑垃圾处理设置布置的合理性。 4. 合理设置垃圾容器,其数量、外观及标志应符合垃圾分类收集的要求	3. 分类收集和处理废弃物,且收集处理过程中无二次污染,依据建筑垃圾的来源、可否回用性质、处理难易程度等进行分类,将其有效回收处理,重新用于生产
一般项	1. 垃圾存放处设冲洗及排水设施,存放垃圾及时清运,避免污染。 2. 智能化系统正确定位,采用的技术先进、使用、可靠,达到安全防范子系统、管理与设备监控系统与信息网络系统的基本配置要求。 3. 采用无公害病虫害防治技术,规范杀虫剂、除草剂、化肥、农药等化学用品的使用,有效避免对土壤和地下水环境的损害。 4. 栽种和移植的树木成活率大于90%,植物生长状态良好。 5. 物业管理部门通过 ISO 14001 环境管理体系认证。 6. 垃圾分类收集率达90%以上。 7. 设备、管道的设置便于维修、改造和更换	1. 建筑施工兼顾土方平衡和施工道路等设施在运营过程中的使用。 2. 物业管理部门通过 ISO 14001 环境管理体系认证。 3. 设备、管道的设置便于维修、改造和更换。 4. 空调通风系统按照国家标准《空调通风系统清洗规范》(GB 19210—2003)规定进行定期检查和清洗。 5. 建筑智能化系统定位合理,信息网络系统功能完善。 6. 建筑通风、空调、照明等设备自动监控系统技术合理,系统高效运营。 7. 办公商场类建筑耗电、冷热量等进行计量收费
优选项	对可生物降解垃圾进行单独收集或设置可生物降解垃圾处理房。垃圾收集和垃圾处理房设有风道或排风、冲洗和排水设施,处理过程无二次污染	实施资源管理机制,评价管理业绩与节约资源,提高经济效益。物业在保证建筑使用性能要求、投诉率低于规定值前提下,实现经济效益与建筑用能系统的耗能状况、水和办公用品等的使用直接挂钩

注:水平衡测试是对用水单位进行科学管理行之有效的办法,也是进一步做好城市节约用水的基础,通过水平衡测试能够全面了解用水单位管网状况,各部位用水现状,画出水平衡图,依据测定的水量数据,找出水量平衡和合理用水程度,采取相应措施,挖掘用水潜力,达到加强用水管理、提高合理用水水平的目的。

3) 装配式建筑物业管理技术

建筑节能和节水等新技术,在装配式建筑中被比较多地采用。下面就常见的建筑节能和节水技术做介绍。

（1）装配式建筑物业管理节能技术

①太阳能光热、光电系统

a.太阳能光热系统。太阳能供暖利用太阳能转化为热能，通过集热设备采集太阳光的热量，再通过热导循环系统将热量导入至换热中心，然后将热水导入地板采暖系统，通过电子控制仪器控制室内水温。在阴、雨、雪天气系统切换至燃气锅炉辅助加热，让冬天的太阳能供暖得以完美地实现（见图3.11）。同时，可借助墙体构件式太阳能集热器，配合悬挂在室内的水箱使用，作为墙体构件砌筑在装配式建筑墙体内，能减少风雨造成的损坏。该墙体构件式太阳能集热器能够很好地解决装配式高层建筑利用太阳能所遇到的问题，满足装配式高层建筑尤其是中高纬度地区的装配式高层建筑利用太阳能的需求（见图3.12）。

图3.11 太阳能光热系统

图3.12 太阳能墙

b.太阳能光电系统。太阳能光电系统分为光热发电系统和光伏发电系统。通常说的太阳能光电系统指的是太阳能光伏发电，简称"光电"。独立运行的太阳能光伏发电系统包括太阳能电池板、控制器、蓄电池和逆变器组成，若并网运行，则无需蓄电池组（见图3.13）。据预测，太阳能光伏发电在21世纪会占据世界能源消费的重要席位，不但要替代部分常规能源，而且将成为世界能源供应的主体。预计到2030年，可再生能源在总能源结构中将占到30%以上，而太阳能光伏发电在世界总电力供应中的占比也将达到10%以上；到2040年，可再生能源将占总能耗的50%以上，太阳能光伏发电将占总电力的20%以上。

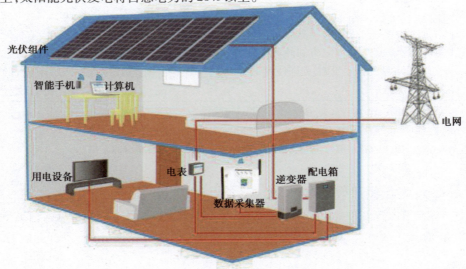
图3.13 太阳能光伏发电系统

②节能屋面技术

屋面作为一种建筑物外围护结构,由于室内外温差传热导致的耗电量大于任何一面外墙或地面,因此装配式建筑提高屋面的保温隔热能力,能有效地减少空调耗能,也是改善室内热环境的一个有效途径。常见的屋面节能技术包括种植屋面、蓄水屋面等。

a. 种植屋面。种植屋面是在屋面防水层上覆土或覆盖锯木屑、膨胀蛭石、膨胀珍珠岩、轻砂等多孔松散材料,进行种植草皮、花卉、蔬菜、水果或设架种植攀缘植物等作物。覆土的叫有土种植屋面,覆有多孔松散材料的叫无土种植屋面。种植屋面不仅有效地保护了防水层和屋盖结构层,而且对建筑物有很好的保温隔热效果,对城市环境起到绿化和美化作用,有益于人们的健康,管理得当还能获得一定的经济效益。由于我国城镇建筑稠密,植被绿化不足,种植屋面是一种很有发展前途的形式。种植屋面构造如图 3.14 所示。

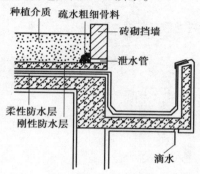

图 3.14　种植屋面构造简图

b. 蓄水屋面。由于水的蓄热和蒸发,可大量消耗投射在屋面上的太阳辐射热,有效地减少通过屋盖的传热量,从而起到有效的保温隔热作用。在屋面上蓄水,由于太阳辐射热作用(90%辐射热被水吸收)使水温升高,因水的比热较大,1 kg 水升高 1 ℃时,需 1 000 cal(1 kcal ≈ 4.18×10³J)的热量,这使蓄水后传到屋面上的热量要比太阳辐射热直接作用到屋面上的热量少得多。另外,蓄水屋面的水在蒸发时,需消耗大量汽化热(每 1 kg 水汽化需吸收热量 580 kcal),这也有助于屋面散热,以降低室内温度。这对调节室内温度有很大的作用。同时蓄水屋面对防水层和屋盖结构起到有效保护,延缓了防水层的老化。蓄水屋面分为深蓄水、浅蓄水、植萍蓄水和含水屋面。深蓄水屋面蓄水深宜为 500 mm;浅蓄水屋面蓄水深为 200 mm;植萍蓄水一般在水深 150 ~ 200 mm 的浅水中种植浮萍、水浮莲、水藤菜、水葫芦及白色漂浮物;含水屋面是在屋面分仓内堆填多孔轻质材料,上面覆盖预制混凝土板块。蓄水屋面的构造如图 3.15 所示。

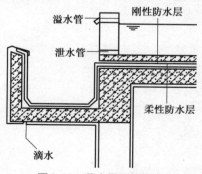

图 3.15　蓄水屋面的构造

③地源热泵技术

地源热泵(也称地热泵)是利用地下常温土壤和地下水相对稳定的特性,通过深埋于建筑物周围的管路系统或地下水,采用热泵原理,通过少量的高位电能输入,实现低位热能向高位热能转移与建筑物完成热交换的一种技术,主要包含3个部分:室外地能换热系统、水源热泵机组系统和室内采暖空调末端系统。其中,水源热泵机组主要有两种形式:水-水型机组和水-空气型机组。3个系统之间靠水或空气换热介质进行热量的传递,水源热泵与地能之间换热介质为水,与建筑物采暖空调末端换热介质可以是水或空气。图3.16和图3.17分别为地源热泵系统的夏季制冷原理和冬季供热原理。

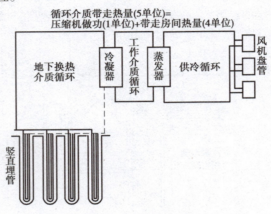

图3.16　夏季制冷原理

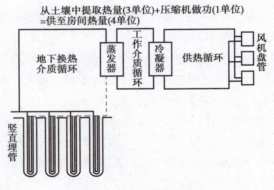

图3.17　冬季供热原理

(2)装配式建筑物业管理节水技术

①雨水收集利用技术

雨水收集利用技术是将雨水根据需求进行收集后,并对收集的雨水进行处理后达到符合设计使用标准的技术。整个系统由6部分组成(见图3.18)。

集水区:是一个确定的表面区域。收集降落的雨水一般来自屋顶表面地面墙体。

输水系统:将水从集水区转输到贮水系统的渠道或者管道。

屋顶冲洗系统:该系统可以过滤并且去除污染物和碎屑,包括初期的弃流装置。

贮水系统:用作贮水收集雨水的地方。

配送系统:利用重力或泵配送雨水的系统。

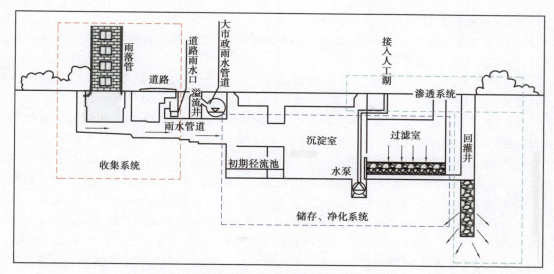

图 3.18　雨水收集与利用系统

净化系统:包括过滤设备、净化装置和用于沉淀、过滤和消毒的添加剂。

②雨水渗透技术

雨水渗透技术是一种投资少、见效快、能发挥综合效益的节水型排水设施。雨水渗透设施包括渗水管沟、渗水地面、渗水洼塘和渗水浅井等。渗透设施的构造、设计参数、施工管理应根据当地具体条件(如雨水水质、地质条件、地下水位等)试验确定,还应考虑大气、地面污染对雨水水质的影响。如图 3.19 所示为其中一种设施浅草沟的构造示意图。

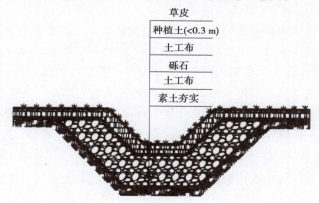

图 3.19　浅草沟(一种渗水沟)示意图

【综合案例】

深圳建科大楼——国内装配式绿色建筑示范工程

深圳建科大楼位于深圳市福田区,是首批获得国家绿色建筑设计评价标识三星级的项目,也是首个通过验收的国家级可再生能源示范工程项目。从设计、建造到运营均采用本土、低耗的绿色建筑技术,包括节能技术、节水技术、节材技术、室内空气品质控制技术和可再生能源规模化利用技术等。实际运行节能率 64%,非传统水源利用率 49%,年节约运行费用约 122 万元。

（1）维护结构设计

屋顶：采用 30 mm 厚 XPS 板（吸湿性小的渗水材料）倒置式隔热构造，同时部分采用种植屋面。

墙体：5 层及 5 层以下外墙采用挤塑水泥墙板，7 层及以上外墙采用 LBG 金属饰面+保温板+加气混凝土砌块。

窗户：外窗外玻璃部分采用传热系数 $K \leqslant 2.6$，遮阳系数 $SC \leqslant 0.40$ 的钢化中空 Low-E 玻璃铝合金窗。经计算，窗墙比是实现外围护结构一半的节能的重要因素。因此，不同的楼层、不同的功能、不同的朝向所设计的窗墙比都不同：1~5 层主要是实验室、会议室等，主要采用条形窗，东南北面立面窗墙比为 30%；7~12 层为办公室，采用带形玻璃幕墙，窗墙比为 70%。精心的窗墙比设计，既满足了围护结构的热工性能，又实现了自然采光和自然通风的需求。

遮阳：针对夏季太阳强烈的特点，在大楼的西立面和部分南立面设置了透光比为 20% 的光电幕墙，既可发电又可作为遮阳设施减少西晒辐射热，同时设计有遮阳反光板等外遮阳措施。可调节的中空百叶遮阳等，降低了夏季空调冷负荷需求。本工程根据建筑形态、功能需求等选择不同的建筑遮阳形式，如自遮阳、遮阳反光板、竖向遮阳构件、内遮阳、活动推拉百叶遮阳。

（2）可再生能源利用

每层残疾人卫生间兼淋浴房采用半集中式太阳能热水系统；食堂、专家公寓冲凉房采用集中式太阳能热水系统。大楼屋顶花架安装单晶硅光伏电池板，西立面和南立面采用光伏幕墙系统。同时，与光伏遮阳棚结合的多晶硅光伏组件，将光伏板和遮阳构件结合最大限度地利用太阳能，同时起到遮阳的作用。生活热水基本利用太阳能热水系统，利用率>50%；光伏发电量约为建筑用电总量的 5%~7%。

（3）与绿化景观结合的水资源利用技术

设置中水、雨水、人工湿地与环艺集成系统。将生活污水经化粪池处理后的上清液经生态人工湿地处理后的达标中水供应卫生间冲厕，楼层绿化浇洒用水；将屋顶及场地雨水经滤水层过滤后的雨水收集，经生态人工湿地处理后达标水供应一层室外绿化浇洒；旱季雨水不足时，由中水系统提供道路冲洗及景观水池补水用水，以减少市政用水量。中水回用和雨水收集利用，使非传统水利用率达 49%，远高于《绿色建筑评价标准》（GB/T 50378—2019）中非传统水利用率 40% 的最高标准，年节约用水量约 5 583 t。

4）根据管理流程确定管理实施细则

在装配式建筑物业管理中可以参照《绿色建筑评价标准》相关内容来确定管理实施细则，见表 3.15。

表 3.15　与《绿色建筑评价标准》相关的装配式建筑物业管理内容

序号	标准涉及的内容	运行措施	运行成本	收益
1	合理设置停车场所	设置停车库/场系统	管理人员费、停车库/场管理系统维护费	方便用户、获取停车费
2	合理选择绿化方式，合理配置绿化植物	绿化园地日常维护	绿化园地养护费用	提供优美环境

续表

序号	标准涉及的内容	运行措施	运行成本	收益
3	集中采暖或集中空调的建筑,分室(户)温度调节、控制及分户热计量(分户热分摊)	设置分室(户)温度调节、控制装置及分户热计量装置或设施	控制系统维护费	方便用户,节省能耗,降低用能成本
4	冷热源、输配系统和照明等能耗进行独立分项计算	设置能耗分项计量系统	计量仪表/传感器和能耗分项计量系统维护费	为设备诊断和系统性节能提供数据
5	照明系统分区、定时、照度调节等节能控制	设置照明控制装置	检测器和照明控制系统维护费	方便用户,节省能耗,降低用能成本
6	排风能量回收系统设计合理并运行可靠	排风口设置能量回收装置	轮转式能量回收器维护费	节省能耗,降低用能成本
7	合理采用蓄热蓄冷系统	设置蓄热蓄冷设备	蓄冷蓄热设备维护费	降低用能成本
8	合理采用分布式热电冷联供技术	设置热电冷联供设备及其输配线管	管理人员费、燃料费、设备及管线维护费	提高能效,降低用能成本
9	合理利用可再生资源	设置太阳能光伏发电、太阳能热水、风力发电、地源/水源热泵设备及其输配管线	设备及管线维护费	节省能耗,降低用能成本
10	绿化灌溉采用高效节水灌溉方式	设置喷灌/微灌设备、管道及控制设备	设备及管道维护费	节省水耗,降低用水成本
11	循环冷却水系统设置水处理措施和加药措施	设置水循环和水处理设备	设备维护费和运行药剂费	节省水耗,降低用水成本
12	利用水生动植物进行水体净化	种植和投放水生动植物	水生动植物养护费用	环境保护
13	采取可调节遮阳措施	设置可调节遮阳装置及控制设备	遮阳调节装置和控制系统维护费	节省能耗,降低用能成本
14	设置室内空气质量监控系统	设置室内空气质量检测器及控制设备	室内空气质量检测器及系统维护费	改善室内空气品质
15	地下空间设置与排风设备联动的CO浓度监测装置	设置CO检测器及控制设备	CO检测器和系统维护费	改善地下空间的环境
16	节能、节水设施工作正常		同3、4、5、6、7、8、9、10、11、13、17	同3、4、5、6、7、8、9、10、11、13、17

续表

序号	标准涉及的内容	运行措施	运行成本	收益
17	设备自动监控系统工作正常	设置设备自动监控系统	设备自动监控系统的检测器、执行器和系统维护费	节省能耗、降低用能成本,提高服务质量与管理效率
18	无不达标废气、污水排放	设置废气、污水处理设施	废气、污水处理设施的检测器、执行器和系统维护费,废气和污水检测费	环境保护
19	智能化系统的运行效率	设置信息通信、设备监控和安全防范等智能化系统	智能化系统维护费	改善生活质量、节省能耗、提高服务质量和管理效率
20	空调通风系统清洗	日常清洗过滤网等,定期清洗风管	日常清洗人工费用,风管清洗专项费用	提高室内空气品质
21	信息化手段进行物业管理	设置物业管理信息系统	物业管理信息系统维护费	节省能耗,提高服务质量和管理效率
22	无公害病虫害防治	选用无公害农药及生物除虫方法	无公害农药及生物除虫费用	环境保护
23	植物生长状态良好	同2	同2	同2
24	有害垃圾单独收集	设置有害垃圾单独收集装置与工作流程	有害垃圾单独收集工作费用	环境保护
25	可生物降解垃圾的收集和垃圾处理	设置可生物降解垃圾的收集装置可生物降解垃圾的处理设施	可生物降解垃圾的收集人员费用和可生物降解垃圾处理设施的运行维护费	环境保护和垃圾清运量
26	非传统水源的水质记录	设置非传统水源水表	非传统水源的水质检测费	保证非传统水源的用水安全保证

3.3.3 装配式建筑运营费用效益分析

费用效益分析是评估项目对环境影响的主要评价技术,也是鉴别项目的经济效益和费用的系统方法。在进行项目可行性分析的同时,纳入了环境影响,是坚持可持续发展战略的表现。费用效益分析从社会不同主体角度将项目对环境和社会产生的积极效果及付出的费用进行识别和估算,以评估项目对社会福利的贡献程度。装配式建筑费用效益分析有其自身特点,主要表现在以下两个方面。

(1)装配式建筑宜采用全寿命周期成本法

项目全寿命周期成本(LCC)是指项目从策划、设计、施工、经营一直到项目拆除的整个过程所消耗的总费用,包括建成成本和未来成本两大方面。未来成本是指客户在使用整个过程中发生的,具体包括运营维护成本和替换成本。每个成本又分为了一些子成本(如资本、安装、维护等),直到成本函数可以定义为止,如图 3.20 所示。

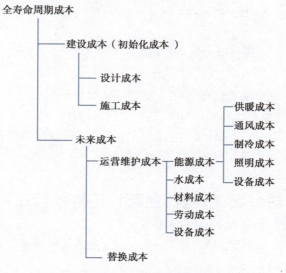

图 3.20　装配式建筑全寿命周期成本构成

(2)装配式建筑的有无对比法

对装配式建筑而言,装配式建筑的费用效益和环境经济损益与传统建筑有些不同,装配式建筑项目是在原有传统建筑背景基础上进行的,改变了原有建筑环境系统的运行状况,使建筑环境质量发生了总体变化。装配式建筑在传统建筑基础上,采用了许多环保技术、节能措施,对社会和环境有所贡献,因此费效分析采用"有无"对比法。"无项目"指传统建筑,"有项目"指采用了环保技术、节能措施的建筑系统。在比较过程中,计算出装配式建筑在各阶段相对于传统建筑的费用和效益的变化,在共同的折现率与研究周期的情况下,用相应的经济指标评定装配式建筑在经济上的可行性,最终为决策提供帮助。

【案例】A 项目为 3 层建筑,总面积是 450 m²,外墙面积是 250 m²,外窗面积为 65 m²,屋顶面积为 196 m²,折现率为 5%,电价为 0.5 元/kW,建筑寿命期为 20 年。该项目采用装配式建筑方案与传统设计方案的单位成本与年总负荷见表 3.16[年金现值系数(P/A,5%,20)=12.462]。

表 3.16　装配式建筑方案与传统建筑方案对比

项目	传统建筑方案	装配式建筑方案
	单位成本(元/m²)	单位成本(元/m²)
外墙	100	155
屋顶	400	500
外窗	300	400
年总用电负荷(kW)	174 936	93 300

传统建筑方案建设成本:100×250+400×196+300×65 = 122 900(元)

装配式建筑方案建设成本:155×250+500×196+400×65 = 162 750(元)

传统建筑设计方案运营成本:174 936×0.5＝87 468(元)

装配式建筑设计方案运营成本:93 300×0.5＝46 650(元)

传统建筑方案总成本:122 900＋87 468×(P/A,5%,20)＝122 900＋87 468×12.462＝1 212 926.216(元)

装配式建筑方案总成本:162 750＋46 650×(P/A,5%,20)＝162 750＋46 650×12.462＝744 102.3(元)

根据以上案例的计算结果可以看出,装配式建筑初始投资费用与传统建筑相比有一定程度的增加,但在后期物业运营阶段它体现出的资源节约和健康效益又能弥补初始阶段的投资所增加的费用,装配式建筑设计方案总体成本更低、更经济。通过装配式建筑与传统建筑的全寿命周期比较才能地体现它的优势。

【综合案例】

深耕装配式建筑,创新打造智能管理系统

绿色建筑、装配式建筑、智能家居、智慧社区……

如果在一个小区里,上述这些功能都能——实现,是不是很惊喜? 由远大住工开发的青棠湾项目似乎正在慢慢把这些场景变成现实。

青棠湾项目位于北京市中关村永丰高新技术产业基地,因项目所在基地为海淀区重点发展项目之一,本项目定位为面向高端人群的公租房。项目总用地面积109 269.9 m²,总建筑面积325 448 m²,地上面积221 674 m²,其中公租房面积207 171 m²,地上住宅最高12层,标准建筑层高2.8 m,建筑高度最高约36 m,地下室为停车库和人防物资库。

这个项目从一开始似乎就带着光环。它要在全国首次研发实现新型建筑支撑体与填充体建筑工业化通用体系,并系统落地建筑主体装配和建筑内装修装配的集成技术,践行绿色可持续住宅产业化建设理念。项目住宅部分主体采用装配整体式混凝土剪力墙结构体系,预制构件有预制夹心剪力墙、预制内墙、预制叠合楼板、预制阳台板、预制空调板、预制楼梯。内装系统采用SI技术体系。将S(支撑体)和I(填充体)分离,减少机电设备和内装对结构主体的损害,延长房屋整体使用寿命,方便机电设备和内装的检修和更新维护,解决结构支撑体和填充体不同寿命的难点。

在绿色方面,青棠湾项目以绿色建筑三星级标准为目标,取得了国家绿色建筑三星级设计标识;在施工和运行阶段也取得了国家绿色建筑三星级运营标识。项目采用环境监测发布系统,用能管控展示平台、生活垃圾智能回收等特色集成技术,同时在综合雨洪管理、太阳能集热系统等传统技术上有所创新,打造北京市示范绿色居住区。值得注意的是,青棠湾公租房的普通绿地面积达到2.25万 m²、下凹式绿地2.59万 m²。同时,6 200 m²硬质地面将100%采用透水砖铺装,雨水降落到地面上可以迅速渗入地下。在确保下凹绿地达到50%的基础上,还将设置20个下沉式花园。下凹式绿地的高度低于硬质地面10~20 cm,遇到暴雨天气,雨水可以先流到下凹式的绿地里,从而缓解了市政管网的排水压力。此外,该项目内还布局着20处、共计1 200 m²的雨水花园。这些花园的蓄水,能在后期实现回用、灌溉。

在智能化方面,设有新风系统,一键式开关,远程遥控,多重入户门锁等技术,打造智能家居。青棠湾社区出入口和近百个单元门都装配有人脸识别系统。此外,社区中还有Wi-Fi全覆盖、智能快递柜、社区App、智能停车管理系统等。室外设有两台小型的环境监测站,每天实时将

空气质量情况告知租户。

在节能环保方面,公租房每户内都会安装一个 60 L 的储热水箱,连接到小区集中式太阳能热水系统,各家各户都可以用上太阳能热水。这套系统全自动运行,不需要专人值守。该系统一年节电 359.54 万 kwh,换算到各家各户,每户一年平均能节约 450 元电费。未来住宅的楼梯间、走道等室内公共场所的照明采用高效光源、灯具;电梯也全部选用节能电梯,同时在运营中设置相应的节能控制模式。

此外,户型可变化也是该项目的亮点之一。由于公租房对套内面积有要求,青棠湾项目有 40 m² 开间、50 m² 一居和 60 m² 两居三个套型。如果这片区域未来对公租房的需求不大,这种结构大空间可以与其他保障性住房实现功能互换。在变换户型时,40 m²+60 m² 可以变成 100 m²,或 50 m²+60 m² 变成 110 m²。

思考探究: 作为北京市第一个面向公共租赁用的绿色居住区,落地了建筑主体装配和建筑内装修装配的集成技术,青棠湾显然具有极大的引领示范作用。在北京市人民政府办公厅发布的《关于加快发展装配式建筑的实施意见》后,2020 年实现装配式建筑占新建建筑面积的比例达到 30% 以上。针对装配式建筑物业运营与管理也将出现更多值得研究的项目与课题。同时,对于即将从事装配式建筑物业管理的同学们来说,要有前沿的思维,将绿色建筑、智能建筑的管理理念贯穿于装配式建筑物业运用和管理中。

任务 3.4　装配式建筑工程监理与质量检测

3.4.1　装配式建筑工程监理

建设工程监理是指具有相应资质的工程监理单位受建设单位(或业主)的委托,依据国家有关建设工程的法律、法规,经政府主管部门批准的建设工程建设文件、建设工程委托监理合同及其他建设工程合同,对建设工程实施的专业化监督管理。我国现阶段工程监理主要是针对工程的施工阶段进行监理。

工程监理是一种有偿的工程咨询服务,在国际上把这类服务归为工程咨询(工程顾问)服务,我国的建设工程监理属于国际上业主方项目管理的范畴。

1)监理工作的特点

(1)服务性

工程监理机构受业主的委托进行工程建设的监理活动,它提供的不是工程任务的承包,而是服务,工程监理机构将尽一切努力进行项目的目标控制,但它不可能保证项目的目标一定实现,它也不可能承担由于不是它的缘故而导致项目目标的失控。

(2)科学性

工程监理机构拥有从事工程监理工作的专业人士——监理工程师,他将应用所掌握的工程监理科学的思想、组织、方法和手段从事工程监理活动。

(3)独立性

工程监理机构指的是不依附性,它在组织上和经济上不能依附于监理工作的对象(如承包商、材料和设备的供货商等),否则它就不可能自主地履行其义务。

（4）公平性

工程监理机构受业主的委托进行工程建设的监理活动,当业主方和承包商发生利益冲突或矛盾时,工程监理机构应以事实为依据,以法律和有关合同为准绳,在维护业主的合法权益时,不损害承包商的合法权益。这体现了建设工程监理的公平性。

2）监理的工作内容

工程监理在工程施工阶段的主要工作内容可以归结为"三控、三管、一协调":

①三控制:质量控制、进度控制、费用控制。

②三管理:合同管理、安全管理、信息管理。

③一协调:组织各方面的协调工作。

3）PC 结构工程监理

（1）准备阶段监理控制要点

①审核与构件生产的相关的各施工专项方案:主要有塔吊安装方案,构件现场堆放和吊装专项方案,垂直运输方案,脚手架方案。确定与构件相关的吊点、埋件、预留孔、套筒、接驳器等的位置、尺寸、型号,协调相关单位根据相关方案措施进行图纸深化,并与预制厂进行交底。

②选定构件加工构件厂:协助甲方在构件预制厂的合格供应商内选择加工厂,从营业执照、许可证、生产规模、业务手册(业绩)、试验室等级进行审核,最终选定构件预制加工的供应商。

③审核构件加工厂的集装箱式与 PC 结构构件生产加工方案和进度方案:方案内要体现质量控制措施、验收措施、合格标准;加工、供应计划是否满足现场施工要求。

④模具的制作:模具使用的钢材应符合质量合格的钢材,模具应具有足够的强度、刚度和稳定性。模具组装正确,应牢固、严密、不漏浆,并符合构件的精度要求。模具堆放场地应平整、坚实,不应有积水,模具应清理干净,模具表面除饰面材料铺贴面范围外,应均匀涂刷脱模剂。

⑤面砖反打施工:面砖进厂进行验收,在模具内铺面砖前,应对面砖进行筛选,确保面砖尺寸误差在受控范围内,无色差、无裂缝掉角等质量缺陷。入模面砖表面平整,缝隙应横平竖直,缝隙宽度均匀符合设计要求,缝隙应进行密封处理。

⑥钢筋布置:进行钢筋的外观验收,取样复试。钢筋骨架尺寸应准确,钢筋品种、规格、强度、数量、位置应符合设计和验收规范文件要求,钢筋骨架入模后不得移动,并确保保护层厚度。

⑦预埋件安装:埋件、套筒、接驳器、预留孔等材料应合格,品种、规格、型号等符合设计和方案要求,预埋位置正确,定位牢固。

⑧门窗框安装:窗框进厂后进行外观验收,品种、规格、尺寸、性能和开启方向、型材壁厚、连接方式等符合设计和规范要求,并提供门窗的质保资料。窗框安装在限位框上,门窗框应采取包裹遮盖等保护措施,窗框安装应位置正确,方向正确,横平竖直,对安装质量进行验收。

⑨构件混凝土浇捣:厂家自检合格后,报驻厂监理验收,应对钢筋、保护层、预留孔道、埋件、接驳器、套筒等逐件进行验收,经验收合格后才准浇混凝土。混凝土原材料及外加剂应有合格证、备案证明,并在厂内试验室进行复试。混凝土配合比、坍落度符合规范要求,并做抗压强度试块。混凝土应振捣密实,不应碰到钢筋骨架、面砖、埋件等,随时观察模具、门窗框、埋件预留孔等,出现变形移位及时采取措施。蒸压养护的遮盖符合蒸压养护要求、静停(2 h)、升温(15 ℃/h)、恒温(3 h,温度不超过 55 ℃)、降温(10 ℃/h)结束的控制时间和温度控制应符合要求。

⑩模具拆除和修补:当强度大于设计强度的 75%(根据同条件拆模试块抗压强度确定),方

可拆模。拆模后对 PC 构件进行验收,对存在的缺陷进行整改和修补,对质量缺陷修补应有专项修补方案。

⑪构件出厂前:构件厂应建立产品数据库,对构件产品进行统一编码,建立产品档案,对产品的生产、检验、出厂、储运、物流和验收作全过程跟踪,在产品醒目位置做明显标识。加工厂应有构件运输方案,采用运输的平板汽车、集装箱式与 PC 结构的专用运输架、构件强度达到运输要求,有符合要求的成品保护措施。构件装车前,监理对构件再次验收,符合要求后准许出厂,并在构件上签章(监理验收合格章)。

(2)施工阶段监理控制要点

①督促施工单位应建立健全质量管理体系、施工质量控制和检验制度。

②审核施工单位编制的集装箱式与 PC 结构装配式建筑施工专项方案。方案包括构件施工阶段预制构件堆放和驳运道路的施工总平面图;吊装机械选型和平面布置;预制构件总体安装流程;预制构件安装施工测量;分项工程施工方法;产品保护措施;保证安全、质量技术措施。

③预制构件的进场检验和验收:预制生产单位应提供构件质量证明文件;预制构件应有标识:生产企业名称、工地名称、制作日期、品种、规格、重量、方向等出厂标识;构件的外观质量和尺寸偏差;预埋件、预留孔、吊点、预埋套孔等再次核查,进入现场的构件逐一进行质量检查,不合格的构件不得使用。存在缺陷的构件应进行修整处理,修整技术处理方案应经监理确认。

④预制构件的现场存放应符合下列规定:

a. 预制构件进场后,应按品种、规格、吊装顺序分别设置堆垛,存放堆垛宜设置在吊装机械工作范围内;

b. 预制墙板宜采用堆放架插放或靠放,堆放架应具有足够的承载力和刚度;预制墙板外饰面不宜作为支撑面,对构件薄弱部位应采取保护措施;

c. 预制叠合板、柱、梁宜采用叠放方式。预制叠合板叠放层不宜大于 6 层,预制柱、梁叠放层数不宜大于 2 层;底层及层间应设置支垫,支垫应平整且应上下对齐,支垫地基应坚实;构件不得直接放置于地面上;

d. 预制异形构件堆放应根据施工现场实际情况按施工方案执行;

e. 预制构件堆放超过上述层数时,应对支垫、地基承载力进行验算。

⑤构件吊装安装前,应按照集装箱式与 PC 结构装配式建筑施工的特点和要求,对塔吊作业人员和施工操作人员进行吊装前的安全技术交底;并进行模拟操作,确保信号准确,不产生误解。

⑥集装箱式与 PC 结构装配式建筑施工前,应对施工现场可能发生的危害、灾害和突发事件制订应急预案,并应进行安全技术交底。

⑦起重吊装特种作业人员应具有特种作业操作资格证书,严禁无证上岗。

⑧安装顺序以及连接方式、临时支撑和拉结,应保证施工过程结构构件具有足够的承载力和刚度,并应保证结构整体稳固性。

⑨预制构件安装过程中,各项施工方案应落实到位,工序控制符合规范和设计要求。

⑩集装箱式与 PC 结构装配式建筑应选择具有代表性的单元进行试安装,试安装过程和方法应经监理(建设)单位认可。

⑪预制构件的装配准备:吊装设备的完好性,力矩限位器、重量限制器、变幅限制器、行走限制器、吊具、吊索等进行检查,应符合相关规定。

⑫预制构件测量定位:每层楼面轴线垂直控制点不宜少于 4 个,楼层上的控制线应由底层向上传递引测;每个楼层应设置 1 个高程引测控制点;预制构件安装位置线应由控制线引出,每件预制构件应设置两条安装位置线。预制墙板安装前,应在墙板上的内侧弹出竖向与水平安装线,竖向与水平安装线应与楼层安装位置线相符合。采用饰面砖装饰时,相邻板与板之间的饰面砖缝应对齐。监理对弹线进行复核。

⑬预制构件的吊装:

a.预制构件起吊时,吊点合力宜与构件重心重合,可采用可调式横吊梁均衡起吊就位;吊装设备应在安全操作状态下进行吊装;

b.预制构件应按施工方案的要求吊装,起吊时绳索与构件水平面的夹角不宜小于 60°,且不应小于 45°;

c.预制构件吊装应采用慢起、快升、缓放的操作方式。预制墙板就位宜采用由上而下插入式安装形式;预制构件吊装过程不宜偏斜和摇摆,严禁吊装构件长时间悬挂在空中;预制构件吊装时,构件上应设置缆风绳控制构件转动,保证构件就位平稳;

d.预制构件吊装应及时设置临时固定措施,临时固定措施应按施工方案设置,并在安放稳固后松开吊具。

⑭预制墙板安装过程应设置临时斜撑和底部限位装置,并应符合下列规定:

a.每件预制墙板安装过程的临时斜撑不宜少于 2 道,临时斜撑宜设置调节装置,支撑点位置距离板底不宜大于板高的 2/3,且不应小于板高的 1/2;

b.每件预制墙板底部限位装置不少于 2 个,间距不宜大于 4 m;

c.临时斜撑和限位装置应在连接部位混凝土或灌浆料强度达到设计要求后拆除;当设计无具体要求时,混凝土或灌浆料应达到设计强度的 75% 以上方可拆除。

⑮预制混凝土叠合墙板构件安装过程中,不得割除或削弱叠合板内侧设置的叠合筋。

⑯相邻预制墙板安装过程宜设置 3 道平整度控制装置,平整度控制装置可采用预埋件焊接或螺栓连接方式。

⑰预制混凝土墙板校核与调整应符合下列规定:

a.预制墙板安装平整度应以满足外墙板面平整为主;

b.预制墙板拼缝校核与调整应以竖缝为主,横缝为辅;

c.预制墙板阳角位置相邻板的平整度校核与调整,应以阳角垂直度为基准进行调整。

⑱预制墙板采用螺栓连接方式时:构件吊装就位过程应先进行螺栓连接,并应在螺栓可靠连接后卸去吊具。

⑲预制阳台板安装应符合下列规定:

a.悬挑阳台板安装前应设置防倾覆支撑架,支撑架应在结构楼层混凝土达到设计强度要求时,方可拆除支撑架;

b.悬挑阳台板施工荷载不得超过楼板的允许荷载值;

c.预制阳台板预留锚固钢筋应伸入现浇结构内,并应与现浇混凝土结构连成整体;

d.预制阳台与侧板采用灌浆连接方式时,阳台预留钢筋应插入孔内后进行灌浆。

⑳预制楼梯安装应符合下列规定:

a.预制楼梯采用预留锚固钢筋方式时,应先放置预制楼梯,再与现浇梁或板浇筑连接成整体;

b. 预制楼梯与现浇梁或板之间采用预埋件焊接连接方式时,应先施工现浇梁或板,再搁置预制楼梯进行焊接连接;

c. 框架结构预制楼梯吊点可设置在预制楼梯板侧面,剪力墙结构预制楼梯吊点可设置在预制楼梯板面;

d. 预制楼梯安装时,上下预制楼梯应保持通直。

㉑集装箱式与 PC 结构构件连接可采用焊接连接、螺栓连接、套筒灌浆连接和钢筋浆锚搭接连接等方式。如用套筒灌浆的连接方式,应按设计要求检查套筒中连接钢筋的位置和长度。

a. 灌浆前应制订套筒灌浆操作的专项质量保证措施,灌浆操作全过程应有质量监控;

b. 灌浆料应按配比要求计量灌浆材料和水的用量,经搅拌均匀后测定其流动度满足设计要求后方可灌注;

c. 灌浆作业应采取压浆法从下口灌注,当浆料从上口流出时应及时封堵,持压30 s 后再封堵下口;

d. 灌浆作业应及时做好施工质量检查记录,每工作班制作一组试件;

e. 灌浆作业时,应保证浆料在 48 h 凝结硬化过程中连接部位温度不低于 10 ℃。

㉒密封材料嵌缝应符合下列规定:

a. 密封防水部位的基层应牢固,表面应平整、密实,不得有蜂窝、麻面、起皮和起砂现象;嵌缝密封材料的基层应干净和干燥;

b. 嵌缝密封材料与构件组成材料应彼此相容;

c. 采用多组分基层处理剂时,应根据有效时间确定使用量;

d. 密封材料嵌填后不得碰损和污染。

㉓成品保护:

a. 结构施工完成后,竖向构件阳角、楼梯踏步口宜采用木条(板)包角保护;

b. 预制构件现场装配全过程中,宜对预制构件原有的门窗框、预埋件等产品进行保护,集装箱式与 PC 结构装配式建筑质量验收前不得拆除或损坏;

c. 预制外墙板饰面砖、石材、涂刷等装饰材料表面可采用贴膜或用其他专业材料保护;

d. 预制楼梯饰面砖宜采用现场后贴施工,采用构件制作先贴法时,应采用铺设木板或其他覆盖形式的成品保护措施;

e. 预制构件暴露在空气中的预埋铁件应涂抹防锈漆;预制构件的预埋螺栓孔应填塞海绵棒。

3)钢结构工程监理

(1)准备阶段监理控制要点

①施工单位资质审查。由于钢结构工程专业性较强,对专业设备、加工场地、工人素质以及企业自身的施工技术标准、质量保证体系、质量控制及检验制度要求较高,一般多为总包下分包工程,在这种情况下施工企业资质和管理水平相当重要,资质审查是重要环节。

②焊工素质的审查。焊工必须经考试合格并取得合格证书,持证焊工必须在其考试合格项目及其认可范围施焊。

③图纸会审及技术准备。按监理规划中图纸会审程序,在工程开工前熟悉图纸,召集并主持设计、业主、监理和施工单位专业技术人员进行图纸会审,依据设计文件及其相关资料和规

范,把施工图中错漏、不合理、不符合规范和国家建设文件规定之处解决在施工前。协调业主、设计和施工单位针对图纸问题,确定具体的处理措施或设计优化。督促施工单位整理会审纪要,最后各方签字盖章后,分发各单位。

④施工组织设计(方案)审查。督促施工单位按施工合同编制专项施工组织设计(方案),经其上级单位批准后,再报监理。经审查后的施工组织设计(方案),如施工中需要变更施工方案(方法)时,必须将变更原因、内容报监理和建设单位审查同意后方可变动。

⑤工程材料质量控制。钢结构与轻钢结构装配式建筑工程原材料及成品的控制是保证工程质量的关键,也是控制要点之一。所有原材料及成品的品质规格、性能等应符合国家产品标准和设计要求,应全数检查产品质量合格证明文件及检验报告等为主控项目。监理工程师应核查工程中使用的钢材、焊接材料、螺栓、栓钉等材料的外观质量及其质量证明材料。督促施工单位对型钢母材、代表性的焊接试件、螺栓等按《房屋建筑工程和市政基础设施工程实行见证取样和送检的规定》和规范要求进行见证取样、送检,并由试验单位出具有见证取样的合格试验报告。督促施工单位应合理地组织材料供应,满足连续施工需要,加强材料的运输、保管、检查验收等材料管理制度,做好防潮、防露、防污染等保护措施。

⑥构件拼装质量控制。检查钢构件上的所有零时固定和拉紧装置是否拆除。采用试孔器抽查螺栓孔的穿孔率,并符合《钢结构工程施工质量验收标准》(GB 50205—2020)要求。监理工程师应要求钢结构制作单位按预拼装单元全数检查拼装尺寸,并符合《钢结构工程施工质量验收标准》(GB 50205—2020)附录 D 表的要求。对于焊接 H 型钢按规范要求抽查焊缝布置,翼缘板拼接焊缝和腹板拼接焊缝的间距应大于 200 mm。焊接 H 型钢尺寸偏差应符合规范要求。钢结构组装的尺寸,监理工程师应在拼装台架上进行检查,对每个检验批将进行检查,对每个检验批将进行不少于 10% 的尺寸抽验,并做好监测记录。

⑦构件储存、运输和验收的质量控制要点。督促加工方将钢构件按照构件编号和安装顺序堆放,构件堆放时,应在构件之间加垫木;并检查加工方依据构件进场计划单安排运输,装车时应绑扎好,以避免构件变形,确保运输安全而进行控制。

(2)施工阶段监理控制要点

①认真熟悉施工图纸设计说明,明确设计要求,主持图纸会审和设计交底工作。

②钢结构安装单位、施工人员及监理人员必须具有相应的资质,且应符合国家有关规定。

③审查《钢结构加工制作及吊装》等专业施工方案,重点审查施工单位的组织质保体系,主要分项工程的施工方法、焊接要点和技术质量控制措施。

④钢结构构件及钢结构附件等进入现场后,按到货批次进行检验。

⑤钢结构与轻钢结构装配式建筑装配前,检测基础标高、装配几何尺寸,各部分间隙达到图纸要求;按照施工图纸及规范严格验收,合格后方可进行下一步工作。

⑥构件起吊前,应审查安装起吊施工方案;构件起吊时应防止结构变形。

⑦安装时,必须控制屋面、平台等的施工荷载。

⑧高强螺栓的施工采用扭矩法施工,高强螺栓的初拧及终拧均采用电动扭力扳手进行;扭矩值必须达到设计要求及规范的规定;不得出现漏拧、过拧等现象。

⑨焊接质量的验收等级:钢架及主柱的拼接焊缝、坡口焊缝按一级焊缝检验,其他焊缝均按二级焊缝标准检验。

⑩钢梁柱受力后,不得随意在其上焊连接件,焊接连接件必须在构件受力及高强螺栓终拧

前完成。

⑪钢框架结构装配完成后,进行压型钢板的装配工作,檩条的安装必须注意横平竖直,压型钢板在以上工作完成后进行安装;压型钢板及檩条必须严格按照图纸进行安装工作。

⑫安装偏差的检测,应在结构形成空间刚度单元亦连接固定后进行。

⑬涂装工程施工时,监控工程师首先对钢构件表面喷砂除锈质量进行检查,包括表面粗糙度是否达到涂装要求;对面漆(防火涂料)的涂装,监理工程师应检查中间漆已完全固化,每100 t或不足100 t的薄型防火涂料应检测一次黏接强度。

3.4.2　装配式建筑质量检测

PC结构质量
检测

1)PC结构施工质量检测

我国行业标准《装配式混凝土结构技术规程》(JGJ 1—2014)中规定,装配式结构工程应按混凝土结构子分部工程的要求进行验收;当结构中部分采用现浇混凝土结构时,装配式结构部分可作为混凝土结构子分部工程的分项工程进行验收;对于装配式结构预制率高于80%的工程可以按全装配式结构处理,此时可以将装配式分项工程扩展为混凝土结构子分部工程进行验收。

我国现行国家标准《混凝土结构工程施工质量验收规范》(GB 50204—2015)中规定了装配式结构分项工程验收和混凝土结构子分部工程验收的内容,装配式结构分项工程的验收包括一般规定、预制构件以及包含装配式结构特有的钢筋连接和构件连接等内容的预制构件安装与连接3部分。装配式结构分项工程可按楼层、结构缝或施工段划分检验批,对于装配式结构现场施工中涉及的钢筋绑扎、混凝土浇筑等内容,应分别纳入钢筋、混凝土、预应力等分项工程进行验收。

另外,对于装配式结构现场施工中涉及的装修、防水、节能及机电设备等内容,应分别按装修、防水、节能及机电设备等分部或分项工程的验收要求执行。装配式结构还要在混凝土结构子分部工程验收层面进行结构实体检验和工程资料验收。

PC结构装配式建筑施工质量检测要点如下:

(1)验收标准

PC结构装配式建筑质量验收应符合现行国家标准,集装箱式与PC结构装配式建筑的连接施工应逐项进行技术复核和隐蔽工程验收,并应填写检查记录。

(2)主控项目

①预制构件临时安装支撑应符合施工方案及相关技术标准要求。

检查数量:全数检查。

检验方法:观察、检查施工记录。

②预制构件外墙挂板连接混凝土结构的螺栓、紧固标准件及螺母、垫圈等配件,其品种、规格、性能等应符合现行国家标准和设计要求。

检查数量:全数检查。

检验方法:检查产品的质量合格证明文件。

③预制构件钢筋连接用套筒,其品种、规格、性能等应符合现行国家标准和设计要求。

检查数量:全数检查。

检验方法:检查产品的质量合格证明文件。

④预制构件钢筋连接用灌浆料,其品种、规格、性能等应符合现行国家标准和设计要求。以5 t 为一检验批,不足 5 t 的以同一进场批次为一检验批。

检查数量:每个检验批均应进行全数检查。

检验方法:检查产品的质量合格证明文件及复试报告。

⑤施工前应在现场制作同条件接头试件,套筒灌浆连接接头应检查有效的型式检验报告,同时按照 500 个为一个验收批次进行检验和验收,不足 500 个也应作为一个验收批次,每个验收批次均应选取 3 个接头做抗拉强度试验。如有 1 个试件的抗拉强度不符合要求,应再取 6 个试件进行复检。复检中如仍有 1 个试件的抗拉强度不符合要求,则该验收批评为不合格。

检查数量:每个检验批均应进行全数检查。

检验方法:检查施工记录、每班试件强度试验报告和隐蔽验收记录。

⑥预制构件与结构之间的连接应符合设计要求,连接处钢筋或预埋件采用焊接或机械连接时接头质量应符合国家标准《钢筋焊接及验收规程》(JGJ 18—2012)、《钢筋机械连接技术规程》(JGJ 107—2016)的要求。

检查数量:全数检查。

检验方法:观察、检查施工记录和隐蔽验收记录。

⑦外墙挂板的安装连接节点应在封闭前进行检查并记录,节点连接应满足设计要求,检验方法按《钢结构工程施工质量验收标准》(GB 50205—2020)的相关规定执行。

检查数量:全数检查。

检验方法:观察检查和隐蔽验收记录。

⑧预制构件外墙板连接板缝的防水止水条,其品种、规格、性能等应符合现行国家产品标准和设计要求。

检查数量:全数检查。

检验方法:检查产品的质量合格证明文件、检验报告和隐蔽验收记录。

⑨承受内力的后浇混凝土接头和拼缝,当其混凝土强度未达到设计要求时,不得吊装上一层结构构件;当设计无具体要求时,应在混凝土强度不小于 10 N/mm² 或具有足够的支承时方可吊装上一层结构构件。已安装完毕的装配整体式结构,应在混凝土强度达到设计要求后,方可承受全部设计荷载。

检查数量:全数检查。

检验方法:检查施工记录及龄期强度试验报告。

(3)一般项目

①预制构件码放和驳运时的支承位置和方法应符合标准图或设计的要求。

检查数量:全数检查。

检验方法:观察检查。

②连接螺栓应按包装箱配套供货,包装箱上应标明批号、规格、数量及生产日期。螺栓、螺母、垫圈外表面应涂刷防锈漆或喷涂等处理。外观表面应光洁、完整。栓体不得出现锈蚀、裂缝或其他局部缺陷,螺纹不应损伤。

检查数量:按包装箱抽查 5%,且不应少于 3 箱。

检验方法:开箱逐个目测检查。

③套筒外观不得有裂缝、过烧及氧化皮。

检查数量：每种规格抽查 5%，且不应少于 10 只。

检验方法：观察检查。

④预制构件安装尺寸允许偏差应符合表的规定。

检查数量：全数检查。

检验方法：观察，钢尺检查。

2）钢结构施工质量检测

钢结构与轻钢结构装配式建筑施工质量检测主要包括对材料、连接和结构性能进行检测。检测内容的提出应该根据检测单位的相关设计要求、检测法规、规范和标准，如果一些检测项目没有做出明文规定，要根据实际需求，通过建设单位和检测单位共同商议来确定。

钢结构与轻钢结构装配式建筑施工质量检测要点如下：

（1）建筑材料检测

钢结构与轻钢结构的材料主要分为：构件材料、防护材料和连接材料。

①对钢结构与轻钢结构构件材料进行检测。钢结构与轻钢结构构件材料主要就是指结构承重用的材料。根据相应的质量验收规范规定，对于原材料的检测，应该有质量方面的证明书，与设计的要求相符合。如果对钢材的质量有疑问，要根据国家的相关标准对钢材进行抽样检查。对结构材料进行检测的主要内容包括：钢材的工艺性能和使用性能，在使用性能中还主要包括耐久性能和力学性能。钢材在力学性能的指标上应该与国家相关的标准和规定相符合，根据一系列的实验结果来获得，其中主要包括理化性能的检测、冲击和韧性试验、硬度试验、疲劳试验、冷弯性能实验、材料拉伸试验等。

②对钢结构与轻钢结构装配式建筑防护用的材料进行检测。对于普通的钢材来说，一般是不防火、不耐腐蚀的，根据其外部的使用环境方面的要求，在钢材的表面进行防火、防腐的涂装，这样就可以将热源和侵蚀隔绝。主要用到的是防火、防腐和防锈的涂料。主要的检测内容包括对涂层的表面质量、耐腐蚀性、成膜的表面的光泽性能，涂料的物理性能（主要包括耐盐水性、干燥时间、黏度等）和涂料的化学成分进行测定。

③对钢结构与轻钢结构装配式建筑连接用的材料进行检测。对钢结构与轻钢结构构件进行连接的时候主要运用的是连接件连接或者焊接，其中连接件主要包括锚栓、普通的螺栓和高强度螺栓等。在运用连接件的连接上，主要的检测标准就是连接件的性能、规格、品种符合相关的标准设计规定的要求。

对于焊接用的材料来说，主要包括焊剂、焊丝和焊条，所有的检测标准都应该与国标规定相符合。在焊剂上的检测主要包括焊剂的抗潮性、含水量、颗粒度，对熔敷金属 V 形缺口冲击吸收功、熔敷金属的拉伸性能、机械中的夹杂物，焊接试板的射线探伤，还有焊缝扩散中的氢含量，以及磷和硫的含量等；焊丝的检测内容主要包括焊缝的射线探伤、熔敷金属的力学性能，以及冲击的试验、焊丝的表面质量、焊丝对接的光滑程度、焊丝的松弛直径和翘距、焊丝的镀层、焊丝的挺度、焊丝的直径和偏差、焊丝的力学性能、射线探伤和化学成分等；对焊条的检测主要包括焊条的药皮及药皮的含水量、焊缝射线探伤、焊缝熔敷金属的力学性能、熔敷金属的化学成分、焊条的尺寸等。

（2）钢结构与轻钢结构装配式建筑的连接检测

①焊接连接检测。在焊接的时候一定要注意焊接的标识，按照规格进行施工。焊接是在钢结构连接中使用非常广泛的一种连接方法，对焊接的质量产生影响的最重要的一个因素就是焊缝缺陷，经常出现的缺陷主要包括未熔合、咬边、夹渣、未焊透、气孔、弧坑、烧穿、焊瘤、裂纹等。在建筑钢结构的焊缝上的检测一般是这样要求的：焊缝的检测主要包括对外观的检查以及无损检查。焊缝表面的质量可以用放大镜或者肉眼去观察，对焊缝的外观进行观察的主要内容包括焊缝表面缺陷、尺寸和表面的形状等方面的检查。对于焊缝的内部缺陷应该用无损的检测技术，要在外观的检查完成之后进行，主要采用的方法就是射线探伤、渗透探伤、磁粉探伤以及超声波探伤等。

根据相关的标准规定，对于钢结构焊缝质量的检测主要分为3个等级，主要包括对外观检验和内部缺陷检验，在质量等级上可能存在着不同，但是如果在设计的时候没有特别指出的话，就应该把外观和内部的要求看作一致的，在焊缝质量等级的选用上应该根据不同的应力状态、工作环境、焊缝的形式、荷载的特性和结构重要性来选择不同的等级。根据相关文件规定，对于三级的焊缝来说，只要求对焊缝进行外观的检验，还要符合规程要求；对于一级或者二级的焊缝来说，不光要进行外观检查，还要进行一定数量超声波检验，并且与相应要求符合。

②紧固件连接检测。对紧固件的检测主要以一个连接副作为单位，连接副主要包括垫圈、螺母和螺栓。检测的主要内容主要包括螺纹和螺栓的尺寸以及表面的质量，高强螺栓的连接抗滑移的系数，其中抗滑移的系数以及连接副承载的能力需要通过试验来进行检测和确定。

③钢结构与轻钢结构装配式建筑结构性能检测。结构性能检测主要包括正常使用的变形要求检测和结构构件的承载能力检测。主要包括6个方面的主要内容：结构的抗火性能检测、结构的防锈防腐检测、构造检测、结构构件变形检测、构件的损伤和缺陷检测、结构和构件在几何尺寸上的检测。

【综合案例】

装配式混凝土结构建筑外墙接缝渗漏隐患检测方法

装配式建筑是由预制构件通过现场组装拼接而成，因此预制构件间不可避免地留有接缝，若密封不当，这些接缝极易成为雨水渗漏通道，对装配式建筑的使用功能造成不利影响。目前，建筑外墙渗漏检测主要通过淋水试验结合目视观察的方法进行，这种试验有一定的时效限制，不能完全模拟建筑使用过程中遭受的长期风雨环境，部分外墙在试验过程中也许并无肉眼可见的渗漏现象发生，但渗漏水已进入存在质量缺陷的墙板接缝中，存在渗漏隐患。对于ALC墙板（蒸压轻质混凝土）而言，材料本身有吸水特性，墙板接缝中留存的渗漏水，会对接缝周边区域墙板的含水率造成影响，通过微波技术从室内侧对接缝周边墙板的含水率进行测量，就可以间接判断外墙接缝是否存在渗漏隐患。有效克服目视观察的局限性，提高防水工程的质量水平。

南京某新建装配整体式建筑，总建筑面积22 180.52 m²，地上19层，建筑高度为61 m。该工程4~19层外墙采用150 mm、175 mm厚ALC预制墙板。

检测步骤：

①测区、测点布置：微波测区布置于待测墙板接缝室内侧，测点按接缝对称布置，离接缝距离30 mm左右，顺缝间距不宜大于200 mm。本案例检测位置位于该建筑4层⑬×⑭~⑰轴外墙，在该区段外墙上抽取连续的4块ALC外墙板，将4块外墙的3条竖向接缝分别作为单个测

区,每个测区各设置 28 个测点,测点离接缝距离 30 mm,测点顺缝间距为 200 mm。

②淋水方法:喷淋装置布设于室外侧,采用喷嘴喷淋,喷淋时喷嘴应垂直于外墙面,并保持约 70 cm 的距离,喷嘴处水压保持在 210 kPa,每延米接缝的喷淋时间约为 3 min。

③相对湿度测量:采用微波测湿仪进行测量,每个测点均在淋水前、淋水结束时及淋水结束 30 min 后分别测量 1 次。

④采用红外热成像仪,对墙板内侧淋水前、淋水结束时及淋水结束 30 min 后 3 个状态进行热成像拍照。

现场作业结束对 3 个测区的检测结果进行汇总,3 个测区均无明显目视渗漏现象,且测区 1、测区 2 相对湿度值及热成像结果均无异常,但测区 3 部分测点相对湿度值异常。

⑤渗漏隐患区判定:统计测区内所有测点的相对湿度值,并将相对湿度变化量异常点判定为渗漏隐患区域。

课后习题

(1)PC 结构装配式建筑预制构件的现场存放应符合哪些规定?

(2)PS 结构构件装配准备阶段,构件储存、运输和验收的监理控制要点是什么?

(3)什么是装配式建筑的给排水工程成本控制?

(4)装配式结构建造方面的优化措施有哪些?

(5)项目成本控制的概念是什么?

(6)装配整体式建筑装饰工程成本由哪些组成?

(7)现场质量管理的重要环节是什么?

(8)装配式建筑电气与设备工程成本控制特点是什么?

(9)装配式建筑电气工程的成本控制需要把握哪几个方面?

(10)装配式建筑设备工程成本控制如何做好招标采购工作中的成本控制?

(11)为什么说装配式建筑物业管理是全寿命周期的管理?

(12)装配式建筑物业管理的特点是什么?

(13)在物业管理早期介入阶段,针对装配式建筑有哪些工作内容?

(14)装配式住宅建筑物业运营管理和装配式公共建筑物业运营管理有什么区别?

(15)通过全寿命周期成本分析,与传统建筑相比装配式建筑有什么优势?

模块 4　装配式建筑拓展知识

学习目标

（一）知识目标

1. 了解 BIM 技术在建筑领域的应用；
2. 掌握虚拟仿真现实技术的基本概念；
3. 熟悉智能建造技术；
4. 熟悉智慧工地的基本要求；
5. 了解装配式智能建造职业技能竞赛；
6. 掌握装配式构件制作与安装职业技能要求。

（二）能力目标

1. 能够应用 BIM 技术进行建模；
2. 能够获取装配式构件制作与安装职业技能等级证书。

（三）素质目标

1. 具备正确的学习态度、敢于担当；
2. 增强学习能力，明白理论与实践相结合的重要性；
3. 培养在建筑产业转型之际需要的信息化数据化等科学技术融会贯通的学习精神。

教学导引

山东省住房和城乡建设部公布了关于《2022 年度全省智慧工地建设典型案例》的通知，临沂奥体公园工程荣获"三星级示范样板工地典型案例"称号。临沂奥体公园占地面积 1 218 亩，总建筑面积约 49 万 m²，项目全面应用"BIM+数字技术"深化设计和虚拟建造，构建数字孪生模型，实现建筑实体、生产要素、生产过程、管理决策全过程数字化；通过智慧工地管理平台，打破信息孤岛，集成共享现场进度成本、质量安全、材料设备等信息，实时掌握各作业面人、材、机等资源实际使用情况，打造"数据驱动、智能集成、平台支撑"的项目管理新模式，全面提升了项目智慧建造水平。

【问题与策略】

区别于传统建筑施工，临沂奥体公园工程在建设过程中，全面应用数字技术进行建设革新，今后建筑业的发展离不开大数据加持，对于从业者的 BIM 技术、虚拟现实技术、智慧工地应用等大数据应用技术能力要求很高，本章基于建筑领域最新技术应用，结合装配式建筑职业技能标准，加入全国装配式建筑智能建造职业技能大赛相关内容，促进学生多方位发展。

任务4.1　大数据与虚拟仿真应用

4.1.1　BIM 技术应用

1）BIM 技术的概念

BIM（Building Information Modeling）技术是 Autodesk 公司在 2002 年率先提出，目前已经在全球范围内得到业界的广泛认可，它可以帮助实现建筑信息的集成，从建筑的设计、施工、运行直至建筑全寿命周期的终结，各种信息始终整合于一个三维模型信息数据库中，设计团队、施工单位、设施运营部门和业主等各方人员可以基于 BIM 进行协同工作，有效提高工作效率、节省资源、降低成本，以实现可持续发展。

2）BIM 技术的特点

（1）可视化

可视化即"所见所得"的形式，对于建筑行业来说，可视化真正运用在建筑业的作用是非常大的，例如，经常拿到的施工图纸，只是各个构件的信息在图纸上采用线条绘制表达，但是其真正的构造形式就需要建筑业从业人员去自行想象了。

IM 提供了可视化的思路，让人们将以往的线条式的构件形成一种三维的立体实物图形展示在人们的面前；现在建筑业也有设计方面的效果图（图 4.1）。但是这种效果图不含有除构件的大小、位置和颜色以外的其他信息，缺少不同构件之间的互动性和反馈性。而 BIM 提到的可视化是一种能够同构件之间形成互动性和反馈性的可视化，由于整个过程都是可视化的，可视化的结果不仅可以用于效果图展示及报表生成，更重要的是，项目设计、建造、运营过程中的沟通、讨论、决策都在可视化的状态下进行。

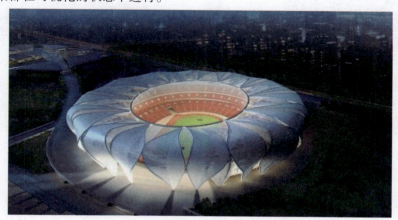

图 4.1　BIM 建模效果图

（2）协调性

协调是建筑业中的重点内容，不管是施工单位，还是业主及设计单位，都在做着协调及相配合的工作。一旦项目的实施过程中遇到了问题，就要将各有关人士组织起来开协调会，找各个施工问题发生的原因及解决办法。然后做出变更，做出相应补救措施等来解决问题。在设计时,往往由于各专业设计师之间的沟通不到位,出现各种专业之间的碰撞问题。例如,暖通等专业中的管道在进行布置时,由于施工图纸是各自绘制在各自的施工图纸上的,在真正施工过程中,可能在布置管线时正好在此处有结构设计的梁等构件在此阻碍管线的布置,像这样的碰撞问题就只能在问题出现之后再进行协调解决。

BIM的协调性服务就可以帮助处理这种问题,也就是说,BIM建筑信息模型可在建筑物建造前期对各专业的碰撞问题进行协调,生成协调数据并提供出来。当然,BIM的协调作用也并不是只能解决各专业间的碰撞问题,它还可以解决如电梯井布置与其他设计布置及净空要求的协调、防火分区与其他设计布置的协调、地下排水布置与其他设计布置的协调等。

(3)模拟性

模拟性并不是只能模拟设计出的建筑物模型,还可以模拟不能够在真实世界中进行操作的事物。在设计阶段,BIM可以对设计上需要进行模拟的一些东西进行模拟实验。例如,节能模拟、紧急疏散模拟、日照模拟(图4.2)、热能传导模拟等;在招投标和施工阶段可以进行4D模拟(三维模型加项目的发展时间),也就是根据施工的组织设计模拟实际施工,从而确定合理的施工方案来指导施工。同时,还可以进行5D模拟(基于4D模型加造价控制),从而实现成本控制;后期运营阶段可以模拟日常紧急情况的处理方式,如地震人员逃生模拟及消防人员疏散模拟等。

图4.2　BIM模拟日照分析

(4)优化性

事实上,整个设计、施工、运营的过程就是一个不断优化的过程。当然优化和BIM也不存在实质性的必然联系,但在BIM的基础上可以做更好的优化。优化受三种因素的制约:信息、复杂程度和时间。没有准确的信息,做不出合理的优化结果,BIM模型提供了建筑物实际存在的信息,包括几何信息、物理信息、规则信息,还提供了建筑物变化以后的实际存在信息。复杂程度较高时,参与人员本身的能力无法掌握所有的信息,必须借助一定的科学技术和设备的帮助。现代建筑物的复杂程度大多超过参与人员本身的能力极限,BIM及与其配套的各种优化工具提供了对复杂项目进行优化的可能。

（5）可出图性

通过对建筑物进行可视化、协调、模拟、优化以后，可以帮助业主出如下图纸：

①综合管线图（经过碰撞检查和设计修改、消除相应错误以后）。

②综合结构留洞图（预埋套管图）。

③碰撞检查侦错报告和建议改进方案等。

3）BIM 技术的应用

BIM 技术在施工中主要应用于施工模型、深化设计、施工模拟、预制加工、进度管理、预算与成本管理、质量与安全管理、施工监理等方面。

4.1.2　VR 技术应用

虚拟现实技术，即 VR 技术，全称 VirtualReality Technology，是指利用计算机生成一种可对用户直接施加视觉、听觉和触觉感受，并允许交互的虚拟世界的技术，涉及三维图形生成技术、动态环境建模技术、激光扫描技术、广角立体显示技术、高分辨率显示技术、多传感交互技术、三维空间追踪定位技术、手势识别技术、语音输入输出技术、系统集成技术等多种技术。

虚拟现实技术的特征主要有 4 个方面：

一是多感知性，即除了视觉感知外，还有听觉、力觉、触觉、运动甚至味觉、嗅觉等感知，理论上具备人所具有的一切感知功能。

二是沉浸感，指用户作为主角存在于模拟环境中感到的真实度，用户全身心投入计算机生成的三维虚拟环境中，一切如同在现实世界中的感觉一样。

三是可交互性，指用户对虚拟环境内物体的可操作程度和得到反馈的自然程度，比如用户用手抓取环境中的虚拟物体时，可以感知到手握东西的感觉，还可以感受到物体的质量，看到物体的移动。

四是可想象性，即虚拟现实技术具有广阔的可想象空间，不仅可以再现真实存在的环境，也可以随意构想现实不存在的甚至不可能发生的环境。

VR 技术为人们带来了更具感染力和沉浸感的体验，让人们的生产生活方式有了前所未有的变化。为了提供和更好的产品和服务，虚拟现实技术不仅在军事和航空航天等领域有极高需求，还进入了社会生活中，在游戏、建筑、产品、影视、旅游、工业制造、教育培训、医疗健康、军事以及航空航天等领域有着越来越多的应用。

什么是VR

4.1.3　智能建造

智能建造是指在建造过程中充分利用智能技术和相关技术，通过应用智能化系统，提高建造过程的智能化水平，减少对人的依赖，达到安全建造的目的，提高建筑的性价比和可靠性。

也有其他学者定义为"以建筑信息模型、物联网等先进技术为手段，以满足工程项目的功能性需求和不同使用者的个性需求为目的，构建项目建设和运行的智慧环境，通过技术创新和管理创新对工程项目全生命周期的所有过程实施有效改进和管理的一种管理理念和模式"。

智能建造内涵包括以下 6 个方面：一是基于信息化和工业化深度融合的新型工业化背景产

智能建造

生;二是以土木工程特点及其传统建造方式为基础;三是借鉴数字孪生、柔性生产等先进制造业理念;四是运用工程管理方法对建造主体、过程、要素进行科学系统的解构和分析;五是融入BIM、IoT、AI等先进技术与新材料、新设备、新工艺结合;六是不断提升自动化、数字化、智能化水平而形成的优质高效的新型工程建造方式。

建筑数字化是基于智慧工地公共平台而形成的建造形态,智慧工地平台内容非常丰富,同时也在不断发展和改善中,包括材料收发存系统及实测实量智能工具及管理系统等。

智能建造应与建筑工业化协同,比如一个建筑物,其智能建造体现在"三维扫描+BIM设计+自动料单工厂加工+物流轨迹监控+现场快装"各过程协同进行,智能家居也属于智能建造的内容之一,受到年轻人的追捧和喜爱。建筑工业化则是在数字化成套设计系统。

建筑工业化,指通过现代化的制造、运输、安装和科学管理的生产方式,来代替传统建筑业中分散的、低水平的、低效率的手工业生产方式。它的主要标志是建筑设计标准化、构配件生产工厂化、施工机械化和组织管理科学化。它的基本途径是建筑标准化,构配件生产工厂化,施工机械化和组织管理科学化,并逐步采用现代科学技术的新成果,以提高劳动生产率,加快建设速度,降低工程成本,提高工程质量。

在设计阶段成套设计建模并出图,在工地应用则是从简单的办公用房及工人宿舍体现建筑工业化。不管从建筑、建材还是从能源和数据方面,均有建筑工业化的身影。

对于未来的智能建造方式,则是有多个方面的发展趋势。比如智慧设计、智慧集市、智慧工厂、智慧物流、智慧工地、智慧建筑方面发展。

4.1.4　智慧工地

建筑行业是我国国民经济的重要物质生产部门和支柱产业之一,也是一个安全事故多发的高危行业。如何加强施工现场安全管理、降低事故发生频率、杜绝各种违规操作和不文明施工、提高建筑工程质量,是摆在各级政府部门、业界人士和广大学者面前的一项重要研究课题。在此背景下,伴随着技术的不断发展,信息化手段、移动技术、智能穿戴及工具在工程施工阶段的应用不断提升,智慧工地建设应运而生。建设智慧工地在实现绿色建造、引领信息技术应用、提升社会综合竞争力等方面具有重要意义。

1)智慧工地的概念

智慧工地是指运用信息化手段,通过三维设计平台对工程项目进行精确设计和施工模拟,围绕施工过程管理,建立互联协同、智能生产、科学管理的施工项目信息化生态圈,并将此数据在虚拟现实环境下与物联网采集到的工程信息进行数据挖掘分析,提供过程趋势预测及专家预案,实现工程施工可视化智能管理,以提高工程管理信息化水平,从而逐步实现绿色建造和生态建造。

智慧工地将更多人工智能、传感技术、虚拟现实等高科技技术植入建筑、机械、人员穿戴设施、场地进出关口等各类物体中,并且被普遍互联,形成"物联网",再与"互联网"整合在一起,实现工程管理干系人与工程施工现场的整合。智慧工地的核心是以一种"更智慧"的方法来改进工程各干系组织和岗位人员相互交互的方式,以便提高交互的明确性、效率、灵活性和响应速度。

2)智慧工地应用的主要内容和技术特征
(1)数据交换标准技术
要实现智慧工地,就必须做到不同项目成员之间、不同软件产品之间的信息数据交换,由于这种信息交换涉及的项目成员种类繁多、项目阶段复杂且项目生命周期时间跨度大,以及应用软件产品数量众多,只有建立一个公开的信息交换标准,才能使所有软件产品通过这个公开标准实现互相之间的信息交换,才能实现不同项目成员和不同应用软件之间的信息流动,这个基于对象的公开信息交换标准格式包括定义信息交换的格式、定义交换信息、确定交换的信息和需要的信息。图4.3所示为智慧工地公共平台。

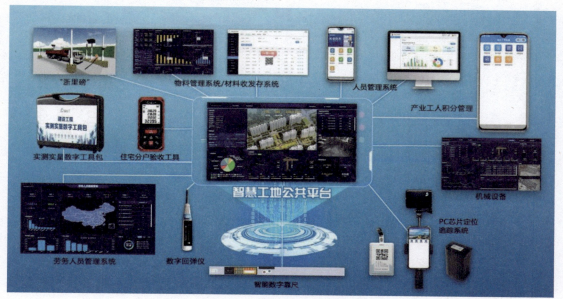

图4.3　智慧工地公共平台

（2）BIM技术

BIM技术在建筑物使用寿命期间可以有效地进行运营维护管理,BIM技术具有空间定位和记录数据的能力,将其应用于运营维护管理系统,可以快速准确地定位建筑设备组件。对材料进行可接入性分析,选择可持续性材料,进行预防性维护,制订行之有效的维护计划。BIM与RFID技术结合,将建筑信息导入资产管理系统,可以有效地进行建筑物的资产管理。BIM还可进行空间管理,合理高效使用建筑物空间。

（3）可视化技术

可视化技术能够把科学数据,包括测量获得的数值、现场采集的图像或是计算中涉及、产生的数字信息变为直观的、以图形图像信息表示的、随时间和空间变化的物理现象或物理量呈现在管理者面前,使他们能够观察、模拟和计算。该技术是智慧工地能够实现三维展现的前提。

（4）3S技术

3S技术是遥感技术、地理信息系统和全球定位系统的统称,是空间技术、传感器技术、卫星定位与导航技术和计算机技术、通信技术相结合,多学科高度集成的对空间信息进行采集、处理、管理、分析、表达、传播和应用的现代信息技术,是智慧工地成果的集中展示平台。

（5）虚拟现实技术

虚拟现实技术是利用计算机生成一种模拟环境,通过多种传感设备使用户"沉浸"到该环境中,实现用户与该环境直接进行自然交互的技术。它能够让应用BIM的设计师以身临其境的感觉,能以自然的方式与计算机生成的环境进行交互操作,而体验比现实世界更加丰富的感受。

（6）数字化施工系统

数字化施工系统是指依托建立数字化地理基础平台、地理信息系统、遥感技术、工地现场数据采集系统、工地现场机械引导与控制系统、全球定位系统等基础平台，整合工地信息资源，突破时间、空间的局限，而建立一个开放的信息环境，以使工程建设项目的各参与方更有效地进行实时信息交流，利用 BIM 模型成果进行数字化施工管理。

（7）物联网

物联网就是"物物相连的互联网"。物联网通过智能感知、识别技术与普适计算、广泛应用于网络的融合中，也因此被称为继计算机、互联网之后世界信息产业发展的第三次浪潮。

（8）云计算技术

云计算是网格计算、分布式计算、并行计算、效用计算、网络存储、虚拟化和负载均衡等计算机技术与网络技术发展融合的产物。它旨在通过网络把多个成本相对较低的计算实体，整合成一个具有强大计算能力的完美系统，并把这些强大的计算能力分布到终端用户手中。是解决 BIM 大数据传输及处理的最佳技术手段。

（9）信息管理平台技术

信息管理平台技术的主要目的是整合现有管理信息系统，充分利用 BIM 模型中的数据来进行管理交互，以便让工程建设各参与方都可以在一个统一的平台上协同工作。

（10）数据库技术

BIM 技术的应用，将依托能支撑大数据处理的数据库技术为载体，包括对大规模并行处理（MPP）数据库、数据挖掘、分布式文件系统、分布式数据库、云计算平台、互联网和可扩展的存储系统等的综合应用。

（11）网络通信技术

网络通信技术是 BIM 技术应用的沟通桥梁，是 BIM 数据流通的通道，构成了整个 BIM 应用系统的基础网络。可根据实际工程建设情况，利用手机网络、无线 Wi-Fi 网络、无线电通信等方案，实现工程建设的通信需要。

4.1.5　智能家居系统

智能家居又称智慧家居或智能住宅，在国外常称为 Smart Home 或 Home Automation，其概念的起源很早，但一直未有具体的建筑案例出现，直到 1984 年美国联合科技公司将建筑设备信息化、整合化概念应用于美国康涅狄格州哈特佛市的 City Place Building 时，才出现了首栋的"智能型建筑"，从此揭开了全世界争相建造智能家居的序幕。

智能家居是以住宅为平台，利用综合布线技术、网络通信技术、安全防范技术、自动控制技术、音视频技术将家居生活有关的设施集成，构建高效的住宅设施与家庭日常事务的管理系统，提升家居安全性、便利性、舒适性、艺术性，并实现环保节能的居住环境。

智能家居系统包含的主要子系统有：家居布线系统、家庭网络系统、智能家居（中央）控制管理系统、家居照明控制系统、家庭安防系统、背景音乐系统（如 TVC 平板音响）、家庭影院与多媒体系统、家庭环境控制系统等八大系统。其中，智能家居（中央）控制管理系统、家居照明控制系统、家庭安防系统是必备系统，家居布线系统、家庭网络系统、背景音乐系统、家庭影院与多媒体系统、家庭环境控制系统为可选系统（智能家居系统模拟见图 4.4、智能家居系统原理见图 4.5），各子系统可利用智能主机或红外转发器进行控制。

智能家居

图 4.4 智能家居系统模拟图

图 4.5 智能家居系统原理图

任务4.2 职业技能竞赛及证书对接

4.2.1 装配式建筑职业技能竞赛

装配式建筑智能建造职业技能大赛(赛项编号:GZ008)是具有行业影响力的职业技能大赛,以搭建行业协作发展、促进产教融合、培养全产业链高技能人才为目的,以产品体系、技术展示为抓手,选拔和培养高素质、高技能人才,助力加速建筑工业化升级。本赛项包括信息化建模(深化设计)、理论考试(识图技能和施工组织方案编写)、岗位模拟(深化设计和装配式建筑生产施工全流程仿真)3个竞赛模块。全方位考察参赛选手的装配式建筑施工图识读能力、建筑信息建模应用能力、装配式建筑生产与施工技术理论与实操能力、施工组织管理与方案编制能力、团队协作能力等。

1)赛项信息

装配式建筑智能建造为学生团体比赛,每年组织一次,归在土木建筑大类下,涉及的专业有建筑工程技术、装配式建筑工程技术、建筑钢结构工程技术、智能建造技术等专业对接新职业产业行业、对应建筑施工与管理等岗位岗位(群)、装配式建筑深化设计、构件生产、装配式建筑施工等岗位(群)、建筑智能化施工等岗位(群),覆盖建筑产业现代化从设计到生产、再到施工全产业链内容,全方位考察参赛选手的装配式建筑施工图识读能力、建筑信息建模应用能力、装配式建筑生产与施工技术理论与实操能力、施工组织管理与方案编制能力、团队协作能力等。

2)竞赛目标

赛项是贯彻党的二十大精神关于"推进工业、建筑、交通等领域清洁低碳转型"精神,落实国家"十四五"规划"发展智能建造,推广绿色建材、装配式建筑和钢结构住宅,建设低碳城市"的要求,实现职业教育高质量发展的具体举措。

赛项设计以建筑产业转型升级为抓手,以服务数字建造强国为核心,全面对接建筑产业数字化、工业化、智能化发展新趋势,推进建筑工业化发展,适应装配式建筑施工与管理等岗位群的新要求,助力装配式建筑智能建造。搭建专业、课程、教材、培养机制改革平台。

赛项结合装配式建筑智能建造相关岗位对人才的知识、技能、素养要求,通过检验教学效果,推动职业院校相关专业建设和改革,增强学生的新技术学习能力和就业竞争力;瞄准世界高水平,营造崇尚技能氛围。充分发挥技能大赛对专业建设的促进和引领作用,以竞赛为抓手,全面推进"岗、课、赛、证"深度融合,促进专业建设、课程建设和教学改革,实现高水平技术技能人才、能工巧匠和大国工匠的培养。

3)竞赛内容

参赛选手须在规定时间内,独立与合作完成以下三个竞赛模块的任务:信息化建模与方案编制、施工图识读与施工模拟、技能实操。

(1)信息化建模与方案编制

该模块包含任务一、任务二两个任务,参赛选手应独立完成竞赛任务,最终取平均成绩作为团队得分。任务一为选手根据给定的工程图纸,运用装配式混凝土深化设计软件,完成装配式混凝土结构模型的建立,并根据竞赛要求进行深化设计,生成三维模型和构件深化图。对标装配式建筑深化设计环节,检验学生是否具备装配式建筑识图及智能设计能力;任务二为选手根据给定案例文件,完成吊装专项施工方案相关问题作答,检验学生是否具备施工方案编制能力。

(2)施工图识读与施工模拟

该模块共包含任务三、任务四、任务五3个任务,参赛选手应独立完成各竞赛任务,最终取平均分作为团队得分。任务三为装配式建筑施工图识读,选手根据竞赛题目要求,通过单选题、多选题的形式完成识图考核;任务四为装配式建筑构件生产,通过虚拟场景完成构件生产任务;任务五为装配式建筑构件安装,通过虚拟场景完成构件安装任务。对标装配式建筑中构件生产、构件安装环节,检验学生是否具备装配式建筑施工图识读、构件生产与施工技术应用及管理能力。

(3)技能实操

该模块包含任务六1个任务,参赛选手应合作完成竞赛任务,该项成绩直接计入团队得分。选手通过施工图识读,在构件吊装实操平台中,使用轻质构件,团队协作完成构件吊装及后浇节点连接,考察团队合作、质量意识、安全意识等基本素养,检验学生动手实践能力。

赛项以工程化、实践性、创新型、项目式模式进行设计。工程化指基于真实的工作任务、场景、情境设计赛题具体内容;实践性为在技能实操部分,选手完成常规性的实践操作;创新型是通过设置虚拟情境,运用新的技术条件或新的技术要求;项目式指选手间互相讨论、交流、协作完成常规性和创造性的技能操作。关注参赛选手的专业技术技能、创新能力、职业素养、团队协作能力等全面发展和可持续发展能力。

4)技术规范

主要依据相关国家技能规范和标准,注重考核基本技能,体现标准程序,结合岗位实际,考核职业综合能力,并对技术技能型人才培养起到示范引领作用。根据竞赛文件制定标准,主要采用以下标准、规范及参考资料:

①《装配式混凝土结构技术规程》(JGJ1—2014);

②《装配式混凝土结构连接节点构造》(15G310—1—2);

③《预制混凝土剪力墙外墙板》(15G365—1);

④《预制混凝土剪力墙内墙板》(15G365—2);

⑤《桁架钢筋混凝土叠合板》(15G366—1);

⑥《预制钢筋混凝土板式楼梯》(15G367—1);

⑦《预制钢筋混凝土楼梯(公共建筑)》(20G367—2);

⑧《预制钢筋混凝土阳台板、空调板及女儿墙》(15G368—1);

⑨《装配式混凝土结构住宅建筑设计示例(剪力墙结构)》(15J939—1);

⑩《装配式混凝土结构表示方法及示例(剪力墙结构)》(15G107—1);

⑪《混凝土结构施工图平面整体表示方法制图规则和构造详图(现浇混凝土框架、剪力墙、梁、板)》(22G101—1);

⑫《混凝土结构施工钢筋排布规则与构造详图》(18G901—1);

⑬《装配式混凝土建筑技术标准》(GB/T 51231—2016);

⑭《装配式混凝土剪力墙结构住宅施工工艺图解》(16G906);

⑮《混凝土结构工程施工质量验收规范》（GB 50204—2015）；

⑯《建筑施工起重吊装工程安全技术规范》（JGJ 276—2012）；

⑰《钢筋套筒灌浆连接应用技术规程》（JGJ 355—2015）；

⑱与装配式建筑智能建造相关的其他规范、标准、教材、参考书及有关教学资源。

4.2.2　装配式建筑职业技能证书

"1+X"装配式建筑构件制作与安装职业技能等级证书对应的专业领域为土建类及相关专业。面向装配式建筑构件设计、生产、施工、建设管理等岗位。适用于装配式建筑构件制作与安装职业技能培训、考核与评价，反映其职业活动和个人职业生涯发展所需要的相关综合能力，是毕业生、社会成员职业技能等级的凭证。要求掌握装配式建筑构件制作、安装、深化设计的知识理论，能按照规范流程完成构件制作和装配式建筑施工技能操作并达到规范标准，具备原材料试验及判断能力、构件生产与施工质量验收能力；具备按照施工图完成构件深化设计任务能力。

装配式建筑构件制作与安装职业技能等级分为3个等级：初级、中级、高级，3个级别依次递进，高级别涵盖低级别职业技能要求。

初级主要面向各装配式混凝土构件生产和施工企业，从事构件生产与施工工作，根据操作流程的规定，完成构件制作和主体结构、围护墙及内隔墙施工等作业，职业技能等级要求见表4.1；中级主要面向装配式混凝土构件设计、生产、施工和监理等企业，在构件设计、生产、施工、质量验收等岗位，根据技术规范与规程的要求，完成预制构件的深化设计、生产与施工作业及技术管理等工作；高级主要面向装配式混凝土构件设计、生产、施工、咨询等企业和培训机构、行业组织与主管部门，在装配式建筑专项设计、生产与施工、管理和教育培训等岗位，根据技术及业务要求，完成装配式建筑生产与施工管理、技术服务和人才培养等工作。

表4.1　装配式建筑构件制作与安装职业技能等级要求（初级）

工作领域	工作任务	职业技能要求
1. 构件制作	1.1 模具准备	1.1.1 能进行图纸识读。 1.1.2 能完成生产前准备工作。 1.1.3 能选择模具和组装工具。 1.1.4 能进行划线操作。 1.1.5 能进行模具组装、校准。 1.1.6 能进行模具清理及脱模剂涂刷。 1.1.7 能进行模具的清污、除锈、维护保养。 1.1.8 能进行工完料清操作。
	1.2 钢筋绑扎与预埋件预埋	1.2.1 能进行图纸识读。 1.2.2 能完成生产前准备工作。 1.2.3 能操作钢筋加工设备进行钢筋下料。 1.2.4 能进行钢筋绑扎及固定。 1.2.5 能进行预埋件固定，并进行预留孔洞临时封堵。 1.2.6 能进行工完料清操作。

工作领域	工作任务	职业技能要求
1. 构件制作	1.3 构件浇筑	1.3.1 能完成生产前准备工作。 1.3.2 能进行布料操作。 1.3.3 能进行振捣操作。 1.3.4 能进行夹心外墙板的保温材料布置和拉结件安装。 1.3.5 能处理混凝土粗糙面、收光面。 1.3.6 能进行工完料清操作。
	1.4 构件养护及脱模	1.4.1 能完成生产前准备工作。 1.4.2 能控制养护条件和状态监测。 1.4.3 能进行养护窑构件出入库操作。 1.4.4 能对养护设备保养及维修提出要求。 1.4.5 能进行构件的脱模操作。 1.4.6 能进行工完料清操作。
	1.5 构件存放及防护	1.5.1 能完成生产前准备工作。 1.5.2 能安装构件信息标识。 1.5.3 能进行构件的直立及水平存放操作。 1.5.4 能设置多层叠放构件间的垫块。 1.5.5 能进行外露金属件的防腐、防锈操作。 1.5.6 能进行工完料清操作。
2. 主体结构施工	2.1 施工准备	2.1.1 能进行图纸识读。 2.1.2 能进行施工前的安全检查。 2.1.3 能进行混凝土构件质量检查。 2.1.4 能复核并确保现场安装条件。
	2.2 竖向构件安装	2.2.1 能选择吊具，完成构件与吊具的连接。 2.2.2 能安全起吊构件，吊装就位，校核与调整。 2.2.3 能安装并调整临时支撑对构件的位置和垂直度进行微调。
	2.3 水平构件安装	2.3.1 能安装临时支撑，微调校正。 2.3.2 能选择吊具，完成构件与吊具的连接。 2.3.3 能安全起吊构件，吊装就位，校核与调整。
	2.4 套筒灌浆连接	2.4.1 能进行单套筒灌浆的坐浆操作。 2.4.2 能进行连通腔灌浆的分仓、封仓操作。 2.4.3 能进行灌浆料拌制。 2.4.4 能完成灌浆操作。 2.4.5 能进行二次灌浆处理。 2.4.6 能进行工完料清操作。

续表

工作领域	工作任务	职业技能要求
2. 主体结构施工	2.5 后浇连接	2.5.1 能对结合面进行检查和清理。 2.5.2 能进行后浇构件预埋件安装、钢筋连接和绑扎。 2.5.3 能进行墙板间后浇段模板支设、混凝土浇筑及振捣。 2.5.4 能进行梁顶和楼面混凝土浇筑、振捣及养护。 2.5.5 能进行模板、斜支撑、楼面支撑拆除操作。 2.5.6 能进行工完料清操作。
3. 围护墙和内隔墙施工	3.1 施工准备	3.1.1 能进行图纸识读。 3.1.2 能进行施工前的安全检查。 3.1.3 能进行混凝土构件质量检查。 3.1.4 能复核并确保现场安装条件。
	3.2 外挂围护墙安装	3.2.1 能选择吊具,完成构件与吊具的连接。 3.2.2 能进行预埋件安装埋设。 3.2.3 能安全起吊构件,吊装就位,微调校正。 3.2.4 能进行构件的连接操作。 3.2.5 能进行接缝防水施工操作。 3.2.6 能进行工完料清操作。
	3.3 内隔墙安装	3.3.1 能进行连接件安装。 3.3.2 能进行墙板现场分割。 3.3.3 能进行安装就位操作,校核与调整。 3.3.4 能进行封缝和防裂处理。 3.3.5 能进行工完料清操作。

【综合案例】

全国装配式建筑职业技能竞赛——构件制作与安装赛项

为装配式建筑产业培养输送技能技术人才,推动装配式建筑产业的发展,实现以赛促学、以赛促训、以赛促评、以赛促建,营造劳动光荣、技能宝贵、创造伟大的社会风尚,装配式建筑职业技能比赛越来越多,规格越来越高。例如,全国装配式建筑职业技能竞赛的"构件制作与安装"赛项。

装配式建筑职业技能是建立在传统建筑专业技能基础上的专业技能,竞赛着重考核选手在装配式岗位操作中应用建筑专业基本技能的应用能力,主要包括:

①识图能力:构件生产和施工装配分别需要建立在对构件深化图纸和施工图纸的正确识图的基础上。

②测量能力:建筑工程测量技术在装配式构件装配过程中的划线、找平调直应用。

③算量能力:根据图纸,能计算相应的生产与施工所需要的原材料数量。

④工法操作能力:运用理论知识分析计算完成后,按照工艺流程和功法要求完成仿真操作,

赛队考核:操作质量、成本控制、操作速度、安全事项;个人考核:工艺准确性、操作效率、工作质量、成本控制、工况处理能力。

岗位模拟竞赛平台是结合"1+X"装配式建筑构件制作与安装职业技能等级证书(初级、中级、高级)科目一岗位模拟考核项目的内容,进行设计完善。打通"课、证、赛"从而融通装配式教学模式,促进装配式建筑岗位技能人才培养。竞赛软件操作界面如图4.6和图4.7所示。

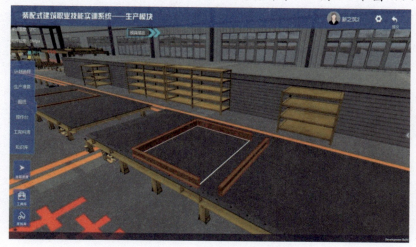

图4.6　模具摆放岗位模拟截图

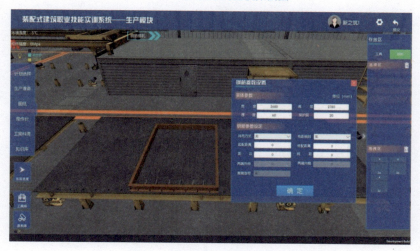

图4.7　钢筋绑扎岗位模拟截图

思考探究:同学们可利用装配式建筑施工员仿真技术软件多多练习,不仅有利于专业学习,还能促进能力提升,提前进行岗位模拟,从而在今后的工作中更加熟练和规范。

课后习题

(1)什么是智能建造?
(2)智慧工地所应用的技术有哪些?

（3）BIM 技术可以应用于哪些领域？

（4）简述虚拟现实技术在建筑领域的应用。

（5）智能家居系统的定义。

（6）你见过哪些智能家居？请举例说明。

（7）装配式建筑构件制作与安装职业技能等级证书获取的优势有哪些？

参考文献

[1] 郭丰涛,刘开强.装配式建筑结构技术管控思考[J].四川建筑,2022,42(5):81-84.

[2] 苗泽惠,张雪一.装配式建筑工程造价预算分析及优化研究[J].安徽建筑,2022,29(10):174-175.

[3] 李德明,翁珊珊.装配式建筑构件成本关键因素研究[J].大众标准化,2022(20):86-88.

[4] 余祥文.装配式建筑成本影响因素及控制措施[J].建材世界,2022,43(5):162-165.

[5] 蒋宁.装配式建筑成本控制研究[J].建材发展导向,2022,20(20):5-8.

[6] 陈乃岸.BIM技术在装配式建筑施工管理中的应用研究[J].房地产世界,2022(19):80-82.

[7] 谢超凌.厦门混凝土装配式建筑的发展前景[J].四川建材,2022,48(10):7-8.

[8] 刘海勇,张新,陈浩,等.BIM技术在装配式建筑中的集成应用分析[J].砖瓦,2022(10):51-53.

[9] 覃波.基于BIM技术的装配式建筑设计方法研究[J].砖瓦,2022(10):54-56.

[10] 郭鑫.装配式建筑施工现场安全影响因素评价研究[J].四川建材,2022,48(10):229-230.

[11] 谢本飞.装配式建筑建造效率的影响因素及对策[J].四川水泥,2022(10):106-108.

[12] 赵愈,孙思园,刘陆.装配式建筑碳减排驱动因素与路径研究[J].建筑经济,2022,43(10):90-95.

[13] 周逸伦,王人龙,佘健俊.三度空间视角下的装配式建筑施工安全绩效评价[J].中国安全生产科学技术,2022,18(9):210-217.

[14] 开璇.浅析装配式建筑施工技术在建筑工程中的应用[J].房地产世界,2022(18):133-135.

[15] 张玉,同振宇.EPC模式与装配式建筑的融合发展研究[J].工程技术研究,2022,7(18):123-125.

[16] 于江龙,惠毅,周煜.装配式建筑施工安全管理风险与对策探析[J].地下水,2022,44(5):305-306,313.

[17] 佘勇.产业转型背景下装配式建筑发展制约因素及推进策略研究[J].智能建筑与智慧城市,2022(9):112-114.

[18] 祝康瑞,安永刚,曾重庆,等.大数据背景下装配式建筑全过程管理原则论述[J].智能建筑与智慧城市,2022(9):66-68.

[19] 方鲁兵,范家茂.装配式建筑混凝土结构施工全过程技术研究[J].阜阳职业技术学院学报,2022,33(3):62-65.

[20] 王奎.PC构件的装配式建筑施工处理技术[J].陶瓷,2022(9):162-164.

[21] 牛侠.装配式建筑施工的质量控制要点及质量通病防治探究[J].陶瓷,2022(9):165-167.

[22] 李丽燕.建筑工程中装配式建筑施工工艺及施工技术研究[J].陶瓷,2022(9):170-172.

[23] 冉兴荣.装配式建筑施工安全风险评价[J].工程建设,2022,54(9):64-68.

[24] 卢少壮,陈英杰,隋岩鹏,等.基于演化博弈论装配式建筑激励策略仿真研究[J].计算机仿

真,2022,39(9):298-303,482.

[25] 李婷,李亚丹.浅析物联网技术与装配式建筑的融合发展[J].房地产世界,2022(17):128-130.

[26] 庄向仕.装配式住宅建筑 BIM 信息化建造系统及其质量管理措施分析[J].居舍,2024(9):151-153.

[27] 高云红.BIM 技术在装配式建筑设计中的研究与探索[J].居舍,2024(9):108-111.

[28] 张同钰,李文秀.一种装配式复合墙板的综合性能测试对比研究[J].粘接,2024,51(3):73-76.

[29] 谢红波,许红升,夏勇.装配式轻质混凝土复合保温外墙板系统构造技术探讨[J].广东建材,2024,40(3):1-4.

[30] 樊勇.装配式住宅建筑的施工管理与质量控制研究[J].居舍,2024,(8):141-144.

[31] 李少鹏.加大装配式建筑发展力度打造绿色发展新动能[N].上海证券报,2024-03-10(06).

[32] 徐强,王多为,桑恒平.装配式混凝土建筑标准化实施策略研究[J].大众标准化,2024(2):142-144.

[33] 杨璇,李新颖.数字孪生技术在装配式建筑设计与施工过程中的应用研究[J].住宅与房地产,2024(2):27-29.

[34] 曾大林,姜志超,李圣飞,等.装配式建筑供应链数字化转型分析[J].住宅与房地产,2024(2):24-26.

[35] 陈榅祯.绿色节能装配式建筑成套技术研究与应用[J].居业,2023(12):17-19.

[36] 常春光,陈佳鑫.基于灰狼优化算法的装配式预制构件生产调度优化研究[J].沈阳建筑大学学报(社会科学版),2023,25(6):589-596.